图 3-2 "藤牧一号"苹果

图 3-3 "秦阳"苹果

图 3-4 "嘎啦"苹果

图 3-5 "新红星"苹果

图 3-6 "康拜尔首红"苹果

图 3-7 "阿斯"苹果

1

图 3-8 "天汪一号"苹果

图 3-9 "蜜脆"苹果

图 3-20 高纺锤形

图 3-21 V字树形

图 3-23　回　缩

图 3-24　疏　枝

图 3-25　刻　芽

图 3-26　扭　梢

图 3-27　环剥和环刻

图 3-28　拉枝开角

图 3-29　果园生草

图 3-30　果园覆盖

图 3-31　果园间作

图 3-34　壁蜂授粉

图 3-35　果实套袋

图 3-32　果园喷灌

图 3-36　铺反光膜

图 4-1　瓢虫和食蚜蝇取食蚜虫

图 4-2 频振诱虫灯 　　　图 4-3 糖醋液诱虫装置

图 4-4 苹果斑点落叶病症状

图 4-5 苹果褐斑病症状

图 4-6 苹果炭疽病症状

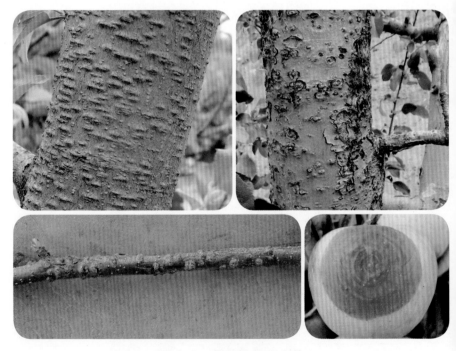

图 4-7 苹果轮纹病症状

图 4-8　苹果树腐烂病症状与防治

图 4-9　苹果干腐病症状

9

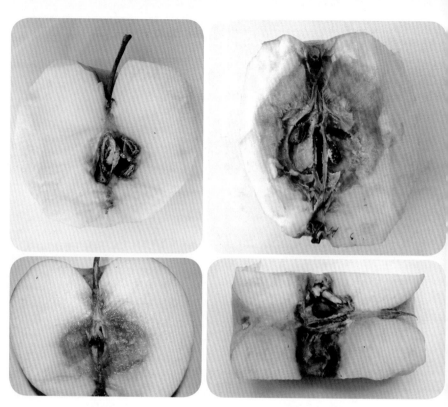

图 4-10　苹果霉心病症状

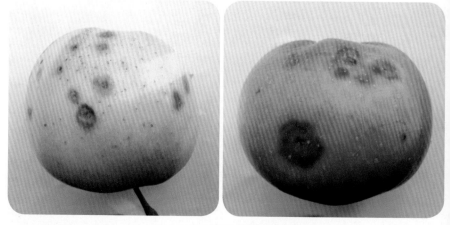

图 4-11　苹果苦痘病症状

图 4-12　苹果全爪螨危害状

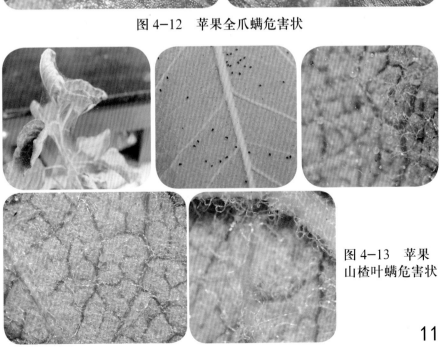

图 4-13　苹果
山楂叶螨危害状

图 4-14 桃小食心虫危害状

图 4-17 绣线
菊蚜危害状

图4-15 金纹细蛾危害状

图4-18 苹果瘤蚜危害状

图4-20 苹果花叶病症状

图 4-16 苹果小卷叶蛾危害状

图 4-19 苹果绵蚜危害状

图 4-21 苹果锈果病症状

图 4-22 苹果绿皱果病症状

图 5-1　苹果采后清洗和包装

图 5-2　苹果青霉病危害状

苹果安全生产技术手册

主 编

聂继云

副主编

董雅凤　李志霞　仇贵生

王文辉　闫文涛　赵德英

编著者

高　源　冀志蕊　孔　巍

匡立学　路馨丹　汪景彦

宣景宏　闫　震　张彦昌　周宗山

金盾出版社

内 容 提 要

本书由中国农业科学院果树研究所、农业部果品质量安全风险评估实验室(兴城)、农业部果品及苗木质量监督检验测试中心(兴城)的专家编著。内容包括影响苹果质量安全的主要因素及其控制,苹果生产良好农业规范,苹果安全优质栽培,苹果病虫害安全防控,苹果安全贮运,苹果质量安全要求。本书内容丰富,语言通俗易懂,技术先进实用,便于学习和操作。适合于苹果生产者、经营者、消费者以及技术推广人员、有关农林院校师生阅读参考。

图书在版编目(CIP)数据

苹果安全生产技术手册/聂继云主编 . —北京:金盾出版社,2016.1

ISBN 978-7-5186-0565-1

Ⅰ.①苹…　Ⅱ.①聂…　Ⅲ.①苹果—果树园艺　Ⅳ.①S661.1

中国版本图书馆 CIP 数据核字(2015)第 230270 号

金盾出版社出版、总发行

北京太平路 5 号(地铁万寿路站往南)

邮政编码:100036　电话:68214039　83219215

传真:68276683　网址:www.jdcbs.cn

北京盛世双龙印刷有限公司印刷、装订

各地新华书店经销

开本:850×1168 1/32　印张:6.625　彩页:16　字数:130 千字

2016 年 1 月第 1 版第 1 次印刷

印数:1～5 000 册　定价:19.00 元

(凡购买金盾出版社的图书,如有缺页、
倒页、脱页者,本社发行部负责调换)

前　言

　　我国是世界第一大苹果生产国和消费国。苹果是我国第一大水果，占我国园林水果产量的四分之一，在促进农业增效、农民增收和农村经济发展中发挥着越来越重要的作用。随着社会的发展和人民生活水平的提高，苹果质量安全问题引起各方面的关注和重视，已成为影响苹果产业可持续发展和消费者信心的重要因素。

　　搞好苹果安全生产是实现苹果安全供应、安全出口和安全消费的前提。为此，我们针对苹果生产的主要环节和存在的主要质量安全问题，以苹果质量安全全程控制为目标，集成一系列先进、实用的苹果安全生产技术和国家有关标准要求，编写了《苹果安全生产技术手册》一书，以期为苹果生产者、经营者和消费者，提供指导和参考。

　　全书共分六章，由聂继云研究员负责统稿。第一章"影响苹果质量安全的主要因素及其控制"和第二章"苹果生产良好农业规范"，由聂继云、董雅凤负责编写。第三章"苹果安全优质栽培"，由赵德英、汪景彦等负责编写。第四章"苹果病虫害安全防控"，由闫文涛、冀志蕊等负责编写。第五章"苹果安全贮运"，由王文辉负责编写。第六章"苹果质量安全要求"，由聂继云、李志霞负责编写。参加编写的人员还有高源、孔巍、匡立学、路馨丹、仇贵生、宣景宏、闫震、张彦昌、周宗山等。

　　由于作者水平有限，时间仓促，书中错误或不妥之处在所难免，希望广大读者批评指正。

编　著　者

目 录

第一章 影响苹果质量安全的主要因素及其控制…………（1）

一、苹果重金属污染及其控制 ……………………………（1）

（一）重金属对人体健康的危害 …………………………（1）

（二）苹果重金属污染的来源 ……………………………（3）

（三）苹果重金属污染的控制 ……………………………（4）

二、苹果农药残留及其控制 ………………………………（13）

（一）农药残留对人体健康的危害 ………………………（13）

（二）苹果农药残留超标及其成因 ………………………（15）

（三）苹果农药残留的控制 ………………………………（16）

第二章 苹果生产良好农业规范 …………………………（24）

一、实施良好农业规范的意义 ……………………………（24）

二、苹果生产的主要环节 …………………………………（24）

三、苹果生产中的良好农业规范 …………………………（25）

（一）记录和追溯系统 ……………………………………（25）

（二）苗木选购与栽植 ……………………………………（26）

（三）园址选择与管理 ……………………………………（26）

（四）施肥 …………………………………………………（27）

（五）灌溉与排水 …………………………………………（28）

（六）树体和花果管理 ……………………………………（28）

（七）喷药 …………………………………………………（28）

（八）果实采收 ……………………………………………（30）

（九）采后处理 ……………………………………………（30）

（十）贮藏运输 ……………………………………… （36）

第三章　苹果安全优质栽培 ……………………… （38）

一、苹果生态区划 ……………………………………… （38）

（一）苹果对环境条件的要求 ……………………… （38）

（二）苹果栽培适宜区 ……………………………… （39）

二、苹果优良品种 ……………………………………… （41）

（一）苹果早熟优良品种 …………………………… （42）

（二）苹果中熟优良品种 …………………………… （43）

（三）苹果晚熟优良品种 …………………………… （45）

三、苹果建园与栽植 …………………………………… （49）

（一）苗木选择 ……………………………………… （49）

（二）授粉树配置 …………………………………… （49）

（三）栽植密度 ……………………………………… （51）

（四）栽植时间 ……………………………………… （52）

（五）栽植技术 ……………………………………… （52）

四、苹果整形修剪 ……………………………………… （53）

（一）苹果常用树形及其培养 ……………………… （53）

（二）苹果修剪技术 ………………………………… （59）

五、苹果园土肥水管理 ………………………………… （64）

（一）苹果园土壤管理技术 ………………………… （64）

（二）肥料施用技术 ………………………………… （70）

（三）水分调控技术 ………………………………… （73）

六、花果管理 …………………………………………… （77）

（一）辅助授粉技术 ………………………………… （77）

（二）疏花疏果技术 ………………………………… （81）

（三）果实套袋技术 ………………………………… （83）

（四）果实增色技术 ………………………………… （86）

第四章　苹果病虫害安全防控 ………………… （88）

一、苹果病虫害绿色防控技术 …………………………… (88)

　　(一)生态调控技术 …………………………………… (88)

　　(二)生物防治技术 …………………………………… (90)

　　(三)理化诱控技术 …………………………………… (93)

二、苹果生产科学用药 …………………………………… (94)

　　(一)开展病虫测报 …………………………………… (94)

　　(二)抓住关键时期 …………………………………… (96)

　　(三)病虫害挑治 ……………………………………… (97)

　　(四)农药合理使用 …………………………………… (97)

三、苹果主要病害的防治 ………………………………… (98)

　　(一)苹果斑点落叶病 ………………………………… (98)

　　(二)苹果褐斑病 ……………………………………… (100)

　　(三)苹果炭疽病 ……………………………………… (102)

　　(四)苹果轮纹病 ……………………………………… (104)

　　(五)苹果树腐烂病 …………………………………… (107)

　　(六)苹果干腐病 ……………………………………… (109)

　　(七)苹果霉心病 ……………………………………… (111)

　　(八)苹果生理性病害 ………………………………… (112)

四、苹果主要虫害的防治 ………………………………… (116)

　　(一)苹果全爪螨 ……………………………………… (116)

　　(二)山楂叶螨 ………………………………………… (118)

　　(三)桃小食心虫 ……………………………………… (120)

　　(四)金纹细蛾 ………………………………………… (123)

　　(五)苹果小卷叶蛾 …………………………………… (125)

　　(六)绣线菊蚜 ………………………………………… (127)

　　(七)苹果瘤蚜 ………………………………………… (128)

　　(八)苹果绵蚜 ………………………………………… (130)

五、苹果病毒类病害的防控 ……………………………… (132)

（一）苹果衰退病 ……………………………………（132）

（二）苹果花叶病 ……………………………………（133）

（三）苹果锈果病 ……………………………………（134）

（四）苹果绿皱果病 …………………………………（135）

（五）苹果病毒类病害防控措施 ……………………（135）

第五章　苹果安全贮运 ………………………………（137）

一、苹果适期采收 ………………………………………（137）

（一）采收适期 ………………………………………（137）

（二）注意事项 ………………………………………（138）

二、苹果分级包装 ………………………………………（139）

（一）卫生消毒 ………………………………………（139）

（二）防腐保鲜 ………………………………………（140）

（三）包装标识 ………………………………………（140）

三、苹果安全贮藏 ………………………………………（141）

（一）质量要求 ………………………………………（141）

（二）库房要求 ………………………………………（141）

（三）入库要求 ………………………………………（141）

（四）贮藏技术 ………………………………………（142）

（五）真菌病害防控 …………………………………（143）

（六）真菌毒素控制 …………………………………（144）

四、苹果安全运输 ………………………………………（144）

（一）质量要求 ………………………………………（144）

（二）卫生要求 ………………………………………（144）

（三）堆码要求 ………………………………………（145）

（四）运输要求 ………………………………………（145）

第六章　苹果质量安全要求 …………………………（146）

一、苹果的质量要求 ……………………………………（146）

（一）我国对苹果质量的要求 ………………………（146）

（二）国际组织对苹果质量的要求 …………………………（163）

（三）美国对苹果质量的要求 …………………………………（168）

二、苹果的安全要求 ……………………………………………（169）

（一）我国对苹果的安全要求 …………………………………（169）

（二）国际组织对苹果的安全要求 ……………………………（179）

（三）美国对苹果的农药残留要求 ……………………………（183）

参考文献 ………………………………………………………（185）

第一章 影响苹果质量安全的 主要因素及其控制

一、苹果重金属污染及其控制

(一)重金属对人体健康的危害

重金属系指密度在 5.0 以上的金属元素。砷和硒为非金属，但其毒性和某些性质与重金属相似，也归入重金属。环境污染所指重金属，主要有铅、镉、汞、铬、砷、锌、铜、钴、镍、锡等，以铅、镉、汞和砷关注最多。重金属对人体健康的影响与其毒性和摄入量有关。重金属的毒性大小通常用人体在单位时间内不得超过的最大摄入量表示，如每周耐受摄入量、每日耐受摄入量、摄入量上限等（表 1-1），该值越小表明该元素的毒性越大。

表 1-1 14 种重金属元素的毒性指标

元素	项目	指标	元素	项目	指标
汞	PTWI[1]	0.005 mg/kg bw	镍	TDI	0.012 mg/kg bw
镉	PTWI	0.007 mg/kg bw	锌	PMTDI[3]	1 mg/kg bw
无机砷	PTWI	0.015 mg/kg bw	铁	PMTDI	0.8 mg/kg bw
铅	PTWI	0.025 mg/kg bw	银	URVI[4]	0.007 mg/day
铝	PTWI	2 mg/kg bw	硒	URVI	0.4 mg/day
锡	PTWI	14 mg/kg bw	铜	URVI	10 mg/day
锑	TDI[2]	0.006 mg/kg bw	镁	URVI	11 mg/day

注：1)暂定每周耐受摄入量(provisional tolerable weekly intake)。2)每日耐受摄入量(tolerable daily intake)。3)暂定每日最大耐受摄入量(provisional maximum tolerable daily intake)。4)摄入量上限(the upper range valueof intake)。

1. 铅对人体健康的危害　铅主要累积在人的神经、造血、消化、心血管、免疫等系统及肾脏。铅对心血管、消化、泌尿、神经等系统及眼睛、肌肉、骨骼、器官发育、造血、生殖等均产生危害。例如,造成神经功能障碍、器质性脑病和神经麻痹;干扰血红素合成,造成贫血;作用于血管壁引起细小动脉痉挛,导致腹痛、视网膜小动脉痉挛、高血压和细小动脉硬化。铅对儿童发育的危害比成人更严重,儿童的中枢神经处于发育过程中,对铅的危害尤为敏感。铅容易在儿童脑部蓄积,轻微的铅负荷增高即能引起神经生理过程的不可逆损害。当血液铅水平超过 0.6 微克/毫升时,儿童会出现智力发育障碍和行为异常。

2. 镉对人体健康的危害　镉进入人体后,选择性地蓄积于肾、肝等脏器,肾脏是镉中毒的"靶器官",肾脏中蓄积的镉占人体镉蓄积量的 1/3。镉被人体吸收后,可与含羟基、氨基、硫基的蛋白质结合,形成镉蛋白,使许多酶系统受到抑制。镉对心血管、消化、神经、呼吸、泌尿等系统及器官发育、生殖等均产生危害。例如,损伤肾小管,患者出现糖尿、蛋白尿和氨基酸尿;损害血管,导致组织缺血,引起多个系统损伤;干扰铜、钴、锌等微量元素代谢,阻碍肠道吸收铁,抑制血红蛋白合成和肺泡巨噬细胞氧化磷酰化代谢过程,引起肺、肾、肝损害;骨骼代谢受阻,引起骨质疏松、萎缩、变形等症状。1955 年日本富山县神通川流域居民发生的疼痛病(骨痛病)就是长期摄入含镉稻米所致。镉也是人类致癌物,有较强的致癌作用。

3. 汞对人体健康的危害　汞对消化、泌尿、神经等系统及眼睛、器官发育等均产生危害。汞主要通过食物链传递在人体蓄积,蓄积最多的部位为骨髓、肾、肝、脑、肺、心等。汞可以单质(金属汞)或化合物两种形态存在。金属汞中毒常以汞蒸气形式引起。汞蒸气通过呼吸道进入肺泡,经血液循环运至全身。血液中的金属汞进入脑组织后,被氧化成汞离子,逐渐在脑组织中积累,达到一定量就会对脑组织造成损害。甲基汞在人体肠道内极易被吸收并分布到全身,大部分蓄积于肝和肾,分布于脑组织中的甲基汞约占 15%,但脑组织受损害先于其他组织,主要损害部位为大脑皮质、小脑和末梢神经。日本著名的公害病——水俣病即为甲基汞慢性中毒症。

4. 砷对人体健康的危害 砷对消化、神经、呼吸等系统及皮肤、肝脏均产生危害。当摄入量超过排泄量时,砷就会在肝、肾、肺、脾、子宫、胎盘、骨骼、肌肉等部位,特别是在毛发、指甲中蓄积,引起慢性砷中毒,出现皮肤色素沉着、过度角化、龟裂性溃疡及末梢神经炎、神经衰弱症、肢体血管痉挛以至坏疽等。长期摄入低剂量的砷,经过十几年甚至几十年的体内蓄积才发病。砷还是人类的致癌物,可引发肺癌、皮肤癌及多种脏器肿瘤。

(二)苹果重金属污染的来源

果园重金属来源有两个方面,一是成土母质本身含有的重金属,二是人类生产、生活对大气、水体和土壤造成的重金属污染。对于后者,其来源主要有以下 6 个方面。

1. 大气中重金属沉降 大气中的重金属主要来源于工业生产、汽车尾气和汽车轮胎磨损产生的含重金属的有害气体和粉尘,主要分布在工矿周围和公路两侧,经沉降进入土壤或降落到果树上。公路两侧重金属污染以铅、锌、镉、铬、钴、铜为主,以公路为轴向两侧延伸,污染逐渐减弱。重金属沉降主要以矿山开发、废物堆和公路为中心,向四周及两侧扩散。

2. 农药、化肥和塑料薄膜使用 施用含有铅、汞、镉、砷等的农药和不合理施用化肥,都可能导致土壤重金属污染。通常,过磷酸盐中汞、镉、砷、锌、铅等重金属含量较高,磷肥次之,氮肥和钾肥中重金属含量较低,但氮肥中铅含量较高。农用塑料薄膜生产中应用的热稳定剂含有镉、铅,大量使用塑料大棚和地膜也可造成土壤重金属污染。

3. 污水灌溉 污水灌溉常指用经过一定处理的城市污水进行灌溉。城市污水包括生活污水、商业污水和工业废水。随着城市工业化的迅速发展,大量工业废水涌入河道,城市污水含有的许多重金属离子随污水灌溉进入土壤。污水灌溉造成的土壤重金属污染往往是,靠近污染源头和城市工业区污染严重,远离污染源头和城市工业区污染较轻或几乎无污染。

4. 污泥施肥 污泥主要包括城市污水处理厂污泥、城市下水沉淀池的污泥、有机物生产厂的下水污泥,以及江、河、湖、库、塘、沟、渠的沉淀底泥。污泥中含有大量的有机质和氮、磷、钾等营养元素,但也含有大量的重金属。污泥施肥可导致土壤中镉、汞、铬、铜、锌、镍和铅等含量增加,且污泥施用越多,污染越严重。

5. 含重金属废弃物堆积 含重金属废弃物堆放造成的污染常以废弃物堆为中心向四周扩散。废弃物堆附近的土壤,其重金属含量高于当地土壤背景值;随着与废弃物堆距离的加大,土壤重金属含量降低。废弃物种类不同,重金属污染程度也不尽相同。例如,铬渣堆存区,镉、汞、铅为重度污染,锌为中度污染,铬、铜为轻度污染。

6. 金属矿山酸性废水污染 在金属矿山开采、冶炼及重金属尾矿、冶炼废渣和矿渣堆放过程中,可被酸溶出含重金属离子的矿山酸性废水,这些废水随矿山排水和降雨带入水环境或进入土壤,直接或间接造成土壤重金属污染。矿山酸性废水造成重金属污染一般在矿山周围或河流下游,受污染河段自上而下,污染强度逐渐降低。目前,我国矿山开采污染愈来愈严重,已引起人们的高度关注。

(三)苹果重金属污染的控制

1. 选择合格的生产环境 苹果园应远离工矿企业和交通干

线。根据国家标准《农田灌溉水质标准》(GB 5084—2005)、《土壤环境质量标准》(GB 15618—1995)和《环境空气质量标准》(GB 3095—2012),苹果园的灌溉水、土壤和空气环境质量应分别达到表 1-2 至表 1-4 的要求。表 1-2 中选择性控制项目是基本控制项目的补充,根据本地区农业水源水质特点和环境进行选择控制。

表 1-2 苹果园的灌溉用水水质要求

项 目			指 标
基本控制项目	5 日生化需氧量	≤	100 mg/L
	化学需氧量	≤	200 mg/L
	悬浮物	≤	100 mg/L
	阴离子表面活性剂	≤	8.0 mg/L
	水温	≤	35℃
	pH 值		5.5~8.5
	全盐量	≤	1000 mg/L
	氯化物	≤	350 mg/L
	硫化物	≤	1 mg/L
	总汞	≤	0.001 mg/L
	镉	≤	0.01 mg/L
	总砷	≤	0.1 mg/L
	铬(六价)	≤	0.1 mg/L
	铅	≤	0.2mg/L
	粪大肠菌群数	≤	4000 个/L
	蛔虫卵数	≤	2 个/L

续表 1-2

项 目			指 标
选择性控制项目	铜	≤	1 mg/L
	锌	≤	2 mg/L
	硒	≤	0.02 mg/L
	氟化物	≤	2 mg/L[1]，3 mg/L[2]
	氰化物	≤	0.5 mg/L
	石油类	≤	10 mg/L
	挥发酚	≤	1 mg/L
	苯	≤	2.5 mg/L
	三氯乙醛	≤	0.5 mg/L
	丙烯醛	≤	0.5 mg/L
	硼	≤	[3]

注:1) 一般地区。2) 高氟地区。3)对硼敏感作物 1 mg/L,对硼耐受性较强的作物 2 mg/L,对硼耐受性强的作物 3 mg/L。

表 1-3 苹果园的土壤环境质量标准值

项 目		指 标		
		pH 值<6.5	pH 值 6.5~7.5	pH 值>7.5
镉	≤	0.3 mg/kg	0.3 mg/kg	0.6 mg/kg
汞	≤	0.3 mg/kg	0.5 mg/kg	1 mg/kg
砷	≤	40 mg/kg	30 mg/kg	25 mg/kg
铜	≤	150 mg/kg	200 mg/kg	200 mg/kg
铅	≤	250 mg/kg	300 mg/kg	350 mg/kg
铬	≤	150 mg/kg	200 mg/kg	250 mg/kg
锌	≤	200 mg/kg	250 mg/kg	300 mg/kg
镍	≤	40 mg/kg	50 mg/kg	60 mg/kg

续表 1-3

项 目	指 标		
	pH 值<6.5	pH 值 6.5~7.5	pH 值>7.5
六六六 ≤	0.5 mg/kg		
滴滴涕 ≤	0.5 mg/kg		

注:重金属(铬主要是三价)和砷均按元素量计,适用于阳离子交换量>5cmol
(+)/kg 的土壤,若≤5cmol(+)/kg,其标准值为表内数值的一半。六六六为
四种异构体总量,滴滴涕为四种衍生物总量。

表 1-4　苹果园的环境空气污染物浓度限值[1)]

项 目		浓度限值			
		年平均	季平均	24 小时平均	1 小时平均
基本项目	二氧化硫(SO₂) ≤	$60\mu g/m^3$	—	$150\mu g/m^3$	$500\mu g/m^3$
	二氧化氮(NO₂) ≤	$40\mu g/m^3$		$80\mu g/m^3$	$200\mu g/m^3$
	一氧化碳(CO) ≤			$4mg/m^3$	$10mg/m^3$
	臭氧(O₃) ≤			[2)]	$200\mu g/m^3$
	颗粒物(粒径小于等于 10μm) ≤	$70\mu g/m^3$		$150\mu g/m^3$	
	颗粒物(粒径小于等于 2.5μm) ≤	$35\mu g/m^3$		$75\mu g/m^3$	
其他项目	总悬浮颗粒物(TSP) ≤	$200\mu g/m^3$		$300\mu g/m^3$	
	氮氧化物(NOₓ) ≤	$50\mu g/m^3$		$100\mu g/m^3$	$250\mu g/m^3$
	铅(Pb) ≤	$0.5\mu g/m^3$	$1\mu g/m^3$		
	苯并[a]芘(BaP) ≤	$0.001\mu g/m^3$		$0.0025\mu g/m^3$	

注:1)污染物浓度均为标准状态下的浓度(下同)。2)160μg/m³(日最大 8 小时平
　　均值)。

2. 合理使用肥料

(1)查询肥料登记信息　苹果生产中,应购买和施用登记的肥料。获得农业部肥料正式登记证和肥料临时登记证的肥料产品可从农业部种植业管理司网站(http://202.127.42.157/moazzys/feiliao.aspx)查询相关信息(图1-1)。在该网站上,用肥料产品的生产企业名称、产品通用名称、产品商品名称、适宜作物、登记证号或产品形态为检索词,可查得肥料登记产品的详细登记信息,一般包括企业名称、产品通用名称、产品商品名称、适宜作物、登记证号、登记技术指标、产品形态等7个方面,有的产品可能无产品商品名称信息。获得省级政府登记证的肥料产品可从各省(自治区、直辖市)有关部门或其网站上进行查询。比如,获得山东省政府登记的肥料产品,可从山东省土壤肥料信息网查询企业名称、正式登记证号、发证日期、企业法人、产品通用名称、产品商品名称、产品形态、技术指标、产品执行标准号、有效日期、企业地址及邮编等信息。

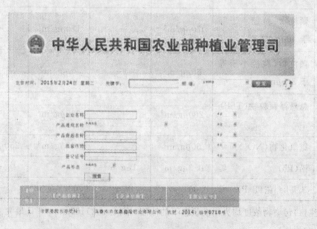

图1-1　农业部肥料登记查询界面截图

（2）重视肥料生态指标 肥料中重金属的存在可对土壤环境造成污染,对农作物生长发育特别是对人、畜健康造成直接危害。为保护农田土壤环境、维护生态平衡、控制有害元素影响、提高农产品质量、保障人体健康、促进农业健康发展,我国制定了国家标准《肥料中砷、镉、铅、铬、汞生态指标》(GB/T 23349—2009),对肥料中砷、镉、铅、铬、汞等 5 种重金属分别规定了限量值(表 1-5),对肥料安全使用具有重要的现实意义。

表 1-5　肥料中 5 种重金属的生态指标

项　目		指　标
砷及其化合物(以 As 计)	≤	0.0050%
镉及其化合物(以 Cd 计)	≤	0.0010%
铅及其化合物(以 Pb 计)	≤	0.0200%
铬及其化合物(以 Cr 计)	≤	0.0500%
汞及其化合物(以 Hg 计)	≤	0.0005%

（3）慎用污泥等杂肥 杂肥大多含有多种有害物质,不合理使用会对土壤、农作物、地表水和地下水造成污染,导致有害物质尤其是重金属在土壤中积累。在苹果生产中,除非其施用不会对果园造成污染,不要轻易施用杂肥。

① 农用污泥 其污染物含量应符合国家标准《农用污泥中污染物控制标准》(GB 4284—1984)的规定,详见表 1-6。该标准适用于在农田中施用城市污水处理厂污泥、城市下水沉淀池的污泥、有机物生产厂的下水污泥,以及江、河、湖、库、塘、沟、渠的沉淀底泥。污泥用量一般为每年每 667 米² 不超过 2 吨(以干污泥计)。污泥中任何一项无机化合物含量接近标准值时,连续在同一块土壤上施用不得超过 20 年。为防止对地下水的污染,沙质土壤和地下水位较高的果园不宜施用污泥,饮水水源保护地带不得施用污

泥。生污泥须经高温堆腐或消化处理后才能施用。在酸性土壤上施用污泥,应年年施用石灰以中和土壤酸性。对于同时含有多种有害物质且含量均接近标准值的,施用量应酌减。

表1-6　农用污泥中污染物控制标准值

项　目	最高允许含量（mg/kg 干污泥）	
	酸性土壤 （pH 值＜6.5）	中性和碱性土壤 （pH 值≥6.5）
镉及其化合物（以 Cd 计）	5	20
汞及其化合物（以 Hg 计）	5	15
铅及其化合物（以 Pb 计）	300	1000
铬及其化合物（以 Cr 计）[1]	600	1000
砷及其化合物（以 As 计）	75	75
硼及其化合物（以水溶性 B 计）	150	150
矿物油	3000	3000
苯并(a)芘	3	3
铜及其化合物（以 Cu 计）[2]	250	500
锌及其化合物（以 Zn 计）[2]	500	1000
镍及其化合物（以 Ni 计）[2]	100	200

注:1)铬控制标准适用于含六价铬极少的具有农用价值的污泥。2)暂作参考标准。

　②农用城镇垃圾　其污染物含量应符合国家标准《城镇垃圾农用控制标准》(GB 8172—1987)的规定,详见表1-7。该标准适用于供农田施用的各种腐熟的城镇生活垃圾和城镇垃圾堆肥工厂的产品,不准混入工业垃圾及其他废物。表1-7中前9项全部合格者方能施用;后6项中可有1项不合格,但有机质不得少于8%,总氮不得少于0.4%,总磷不得少于0.2%,总钾不得少于0.8%,pH 值最高不超过9、最低不低于6,水分含量最高不超过

40％。每年每 667 米² 农田用量,黏性土壤不超过 4 吨,沙性土壤
不超过 3 吨。大于 1 毫米粒径的沙砾含量超过 30％及黏粒含量
低于 15％的沙砾化土壤不宜施用。表 1-7 中前 9 项均接近标准值
的,施用量减半。

表 1-7　农用城镇垃圾污染物限量

项　目		指　标[1]
杂物[2]	≤	3％
粒度	≤	12mm
蛔虫卵死亡率		95％～100％
大肠菌值		10^{-1}～10^{-2}
总镉(以 Cd 计)	≤	3mg/kg
总汞(以 Hg 计)	≤	5mg/kg
总铅(以 Pb 计)	≤	100mg/kg
总铬(以 Cr 计)	≤	300mg/kg
总砷(以 As 计)	≤	30mg/kg
有机质(以 C 计)	≥	10％
总氮(以 N 计)	≥	0.5％
总磷(以 P_2O_5 计)	≥	0.3％
总钾(以 K_2O 计)	≥	1.0％
pH 值		6.5～8.5
水　分		25％～35％

注:1)除"粒度"、"蛔虫卵死亡率"和"大肠菌值"外,其余各项均以干基计算。2)杂
　　物指塑料、玻璃、金属、橡胶等。

　　③ 农用粉煤灰　其污染物含量应符合国家标准《农用粉煤灰
中污染物控制标准》(GB 8173—1987)的规定,详见表 1-8。该标
准适用于火力发电厂湿法排出的、经过 1 年以上风化的、用于改良
土壤的粉煤灰。粉煤灰累计用量为每 667 米² 不超过 30 吨(以干

灰计)。粉煤灰宜用于黏质土壤,而壤质土壤和缺乏微量元素的土壤应酌情施用,沙质土壤不宜施用。对于同时含有多种有害物质而含量均接近标准值的粉煤灰,施用量应酌减。当粉煤灰污染物中个别元素超标时,在减少粉煤灰施用量后方能施用,施用量计算方法见公式(1-1)。

$$M = 30 \times C_{si}/C_i \quad \cdots\cdots\cdots\cdots\cdots\cdots\cdots \quad (1-1)$$

式中:M—i 元素超标的粉煤灰每 667 米^2 允许施用量(t);

C_{si}—粉煤灰中 i 元素的最高允许含量(mg/kg);

C_i—粉煤灰中 i 元素实际含量(mg/kg)。

表1-8 农用粉煤灰污染物限量

项 目		最高允许含量(mg/kg 干粉煤灰)	
		酸性土壤 (pH 值<6.5)	中性和碱性土壤 (pH 值≥6.5)
总镉(以 Cd 计)		5	10
总砷(以 As 计)		75	75
总钼(以 Mo 计)		10	10
总硒(以 Se 计)		15	15
总硼 (以水溶性 B 计)	敏感作物	5	5
	抗性较强作物	25	25
	抗性强作物	50	50
总镍(以 Ni 计)		200	300
总铬(以 Cr 计)		250	500
总铜(以 Cu 计)		250	500
总铅(以 Pb 计)		250	500
全盐量与氯化物		非盐碱土 3000 (其中氯化物 1000)	盐碱土 2000 (其中氯化物 600)
pH 值		10.0	8.7

(4)控制金属制剂农药的使用 金属制剂农药的使用势必引起土壤金属元素含量升高。金属制剂农药主要有汞制剂、铅制剂、砷制剂、铜制剂和锌制剂。目前,汞制剂和铅制剂已基本被淘汰,而后3类农药,特别是铜制剂和锌制剂,其使用仍十分普遍。

苹果病害防治中使用的金属制剂农药主要有铜制剂、锌制剂和铝制剂,以铜制剂和锌制剂使用最为普遍。铜制剂波尔多液可防治苹果干腐病、轮纹病、炭疽病、斑点落叶病、煤污病和霉心病,碱式硫酸铜可防治苹果轮纹病,氧化亚铜可防治苹果斑点落叶病和轮纹病,硫·酮·多菌灵可防治苹果炭疽病,氢氧化铜可防治苹果斑点落叶病。锌制剂代森锰锌可防治苹果斑点落叶病、轮纹病、花腐病和黑点病,代森锌可防治苹果花腐病、黑腐病、褐斑病、黑星病和炭疽病,福美锌可防治苹果花腐病。

为防止金属制剂农药使用对苹果园造成重金属污染,在苹果病害防治过程中,应科学合理地使用金属制剂农药,通过适时喷药、交替用药、合理混用等措施,尽量减少用药量和喷药次数。

二、苹果农药残留及其控制

(一)农药残留对人体健康的危害

1. 农药的急性毒性 农药毒性分为急性毒性和慢性毒性。农药的急性毒性是指农药进入生物体后,在短时间内引起的中毒现象。毒性较大的农药,如果经误食、皮肤接触、呼吸道进入人体,在短时间内可出现不同程度的中毒症状,如头昏、恶心、呕吐、抽搐、呼吸困难、大小便失禁等,若不及时抢救,即有生命危险。

急性毒性通常用半数致死量(LD_{50})表示。LD_{50}是经口给予受试物后,预期能够引起动物死亡率为 50% 的单一受试物剂量。国家标准《急性毒性试验》(GB 15193.3—2003)将急性毒性按

LD_{50} 大小分为极毒、剧毒、中等毒、低毒、实际无毒、无毒等六级，各级的 LD_{50} 及相当于人的致死剂量见表 1-9。从表 1-9 可见，LD_{50} 越大表明受试物毒性越小。

表 1-9　急性毒性(LD_{50})剂量分级

毒性级别	大鼠口服 LD_{50}（mg/kg）	相当于人的致死剂量	
		mg/kg	g/人
极　毒	<1	稍尝	0.05
剧　毒	1～50	500～4000	0.5
中等毒	51～500	4000～30000	5
低　毒	501～5000	30000～250000	50
实际无毒	5001～15000	250000～500000	500
无　毒	>15000	>500000	2500

农业行业标准《农药登记管理术语第四部分:农药毒理》(NY/T 1667.4—2008)根据农药急性毒性的半数致死量(LD_{50})或半数致死浓度(LC_{50})的大小，将农药划分为剧毒、高毒、中等毒、低毒、微毒五级。农业部《农药登记资料规定》将农药产品毒性分为 Ia 级、Ib 级、II 级、III 级、IV 级五级，并给出了各级的级别符号语、经口 LD_{50}、经皮 LD_{50}、LC_{50}、标识和标签上的描述，详见表 1-10。

表 1-10　农药产品毒性分级及标识

毒性分级	级别符号语	经口 LD_{50}（mg/kg）	经皮 LD_{50}（mg/kg）	LC_{50}（mg/m³）	标　识	标签上的描述
Ｉa 级	剧　毒	≤5	≤20	≤20	◇	剧　毒
Ｉb 级	高　毒	>5～50	>20～200	>20～200	◇	高　毒
II 级	中等毒	>50～500	>200～2000	>200～2000	✖	中等毒
III 级	低　毒	>500～5000	>2000～5000	>2000～5000	低毒	—
IV 级	微　毒	>5000	>5000	>5000	—	微　毒

特丁硫磷和涕灭威均属剧毒农药。甲胺磷、水胺硫磷、氧乐果、对硫磷、甲基对硫磷、久效磷、克线磷、甲基异柳磷等有机磷杀虫剂,以及氨基甲酸酯类杀虫剂克百威(俗称呋喃丹)均属高毒农药。敌敌畏、氰戊菊酯、吡虫啉、百草枯等均属中等毒农药。辛硫磷、噻嗪酮、敌百虫、高效氯氰菊酯、丁醚脲等杀虫剂,以及苯醚甲环唑、丙环唑、异菌脲等杀菌剂,均属低毒农药。马拉硫磷、灭幼脲、氯虫酰胺等杀虫剂,以及代森锰锌、多菌灵、井冈霉素等杀菌剂,均属微毒农药。微毒农药的毒性比我们日常吃的食盐还要低,因此,在使用中对人是很安全的。

2. 农药的慢性毒性 农药的慢性毒性指生物体长期摄入或反复持续接触农药造成在体内的蓄积或器官损害出现的中毒现象。一般来说,性质稳定的农药易造成慢性中毒。长期生活在被农药污染的环境,如农药车间、喷洒过农药的农田以及食用被农药污染的农产品等,都会对人体构成慢性中毒风险。

(二)苹果农药残留超标及其成因

1. 苹果农药残留产生与降解 苹果中的农药残留是农药使用后残存于苹果中的微量农药及其有毒代谢物和杂质的总称。苹果生产过程中通常会发生病虫草害,需要使用农药对其进行防治。农药使用后必然会产生残留,但农药残留会随着时间的推移而不断减少。在田间,雨水冲刷、阳光照射和生物降解会使残留农药快速降解。苹果采摘后,在贮藏、运输和清洗过程中,农药残留会继续降解,残留量越来越小。

2. 苹果农药残留超标成因 导致苹果农药残留超标的原因很多,主要是农药使用不合理。我国实行农药登记制度,根据《农药管理条例》及其实施办法,使用农药应遵循国家有关农药安全合理使用的规定,不得使用未登记的农药、国家明令禁止生产或者撤销登记的农药。但在苹果生产中,个别果农会使用国家明令禁止使用的高毒农药,或超量、超范围使用允许使用的农药,或使用农药后不到安全间隔期就采摘,从而导致苹果中农药残留超标现象的发生。除上述主要原因外,引起苹果中农药残留超标的可能原因还有:①农药本身存在问题,例如使用的农药含有其他农药成分、某些农药可代谢转化为更高毒性的其他农药;②存在环境污染问题,例如果园周围农田使用农药后产生药液漂移、上茬作物使用后残存的农药。

(三)苹果农药残留的控制

1. 不使用禁用农药 为保障农产品质量安全、人畜安全和环境安全,2002 年以来,农业部会同有关部委,先后发布了 4 项有关果树的农药禁用公告,在苹果生产中应予严格遵守。

(1)农业部第 199 号公告 2002 年 6 月 5 日发布。公布了国家明令禁止使用的农药和不得在果树上使用的高毒农药清单。其中,国家明令禁止使用的农药包括六六六、滴滴涕、毒杀芬、二溴氯丙烷、杀虫脒、二溴乙烷、除草醚、艾氏剂、狄氏剂、汞制剂、敌枯双、氟乙酰胺、甘氟、毒鼠强、氟乙酸钠、毒鼠硅以及砷、铅类。不得在果树上使用的农药包括甲胺磷、甲基对硫磷、对硫磷、久效磷、磷胺、甲拌磷、甲基异柳磷、特丁硫磷、甲基硫环磷、治螟磷、内吸磷、克百威、涕灭威、灭线磷、硫环磷、蝇毒磷、地虫硫磷、氯唑磷、苯线磷等 19 种高毒农药。

(2)农业部第 632 号公告 2006 年 4 月 4 日发布。自 2007 年 1 月 1 日起,全面禁止在国内使用甲胺磷、对硫磷、甲基对硫磷、久效磷和磷胺 5 种高毒有机磷农药。

(3)农业部第 1157 号公告 2009 年 2 月 25 日发布。氟虫腈对甲壳类水生生物和蜜蜂具有高风险,在水和土壤中降解慢。自公告发布之日起,应停止在果树上使用含氟虫腈成分的农药制剂。

(4)农业部第 1586 号公告 2011 年 6 月 15 日发布。自公告发布之日起,硫线磷、灭多威、水胺硫磷和氧乐果不得继续在柑橘树上使用,硫丹和灭多威不得继续在苹果树上使用,溴甲烷不得继续在草莓上使用。自 2013 年 10 月 31 日起,苯线磷、地虫硫磷、甲基硫环磷、磷化钙、磷化镁、磷化锌、硫线磷、蝇毒磷、治螟磷、特丁硫磷等 10 种农药停止使用。

2. 科学合理用药

(1)农药使用原则 为确保防治效果、残留量不超标、减少环境污染,化学农药的使用应遵循如下四项基本原则:一是尽可能选用高效、低毒、低残留农药;二是根据病虫预测预报和消长规律适时喷药,病虫危害在经济阈值以下时尽量不喷药;三是用药时要根据施药部位,准确用药,均匀周到;四是按照规定的浓度、每季最多使用次数和安全间隔期要求使用,不随意提高施药浓度,不随意增加用药次数,以免增加病虫抗药性和农药残留风险,必要时可更换农药品种;五是为增加药效、防止病虫对农药产生抗性,不连续单一使用同一种农药,提倡不同类型农药的交替使用和合理混用。苹果生产中一些常用农药及叶面喷肥(尿素、磷酸二氢钾)的混合使用参考表 1-11。

(2)农药登记信息查询 在苹果生产过程中,应购买和使用登记的农药产品。中国农药信息网(http://www.chinapesticide. gov.cn/index.html)是查证农药登记有效性的重要途径(图 1-2)。利用该网站可查询农药登记产品、农药受理产品、农药标签信息、有效成分、产品到期、产品过期、老产品清理、企业名录、农药法律法规等相关信息,还可通过企业名称、有效成分、作物/防治等查询农药产品。

(3)农药购买注意事项 根据《农药标签和说明书管理办法》,农药标签应当注明农药名称、有效成分及含量、剂型、农药登记证号或农药临时登记证号、农药生产许可证号或者农药生产批准文件号、产品标准号、企业名称及联系方式、生产日期、产品批号、有

表 1-11 果园常用农药及叶面喷肥混合使用表

	敌敌畏	乐果	马拉硫磷	杀螟硫磷	辛硫磷	溴氰菊酯	氯氰菊酯	氰戊菊酯	三氯杀螨醇	炔螨特	双甲脒	水胺硫磷	毒死蜱	异菌脲	甲基硫菌灵	多菌灵	代森锌	代森锰锌	百菌清	石硫合剂	波尔多液	尿素	磷酸二氢钾
乐果	+																						
马拉硫磷	+	+																					
杀螟硫磷	+	+	+																				
辛硫磷	+	+	+	×																			
溴氰菊酯	+	+	+	+	+																		
氯氰菊酯	+	+	+	+	+	+																	
氰戊菊酯	+	+	+	+	+	+	×																
三氯杀螨醇																							
炔螨特	+	+	+	+	+	+	+	×															
双甲脒	+	+	+	+	+	+	+	×	×														
水胺硫磷	+	+	+	○	+	+	+	+	+	+	+												
毒死蜱	×	×	×	○	×	+	+	+	+	+	×	×											
异菌脲	+	+	+	+	+	+	+	+	+	+	+	+	+										
甲基硫菌灵	+	+	+	+	+	+	+	+	+	+	+	+	+	+									
多菌灵	+	+	+	+	+	+	+	+	△	△	△	+	+	+	+								
代森锌	+	+	+	+	+	+	+	+	○	○	○	○											
代森锰锌	+	+	+	+	+	+	+	+	+	+	○	○											
百菌清	+	+	+	+	+	+	+	+	+	+	+	+						+					
石硫合剂	×	×	×	×	×	×	×	×											×				
波尔多液	×	×	×	×	×	×	×	×												×			
尿素	+	+	+	+	○	+	+	+									○	○		×	×		
磷酸二氢钾	+	+	○	+	+	+	+	+									+	○	○	×	×	+	

＋可以混合使用。△ 混合后马上使用。×不能混合使用。○ 未知。

效期、重量、产品性能、用途、使用技术和使用方法、毒性及标识、注意事项、中毒急救措施、贮存和运输方法、农药类别、像形图及其他经农业部核准要求标注的内容。产品附具说明书的,说明书应当标注前款规定的全部内容;标签至少应当标注农药名称、剂型、农药登记证号或农药临时登记证号、农药生产许可证号或者农药生产批准文件号、产品标准号、重量、生产日期、产品批号、有效期、企业名称及联系方式、毒性及标识,并注明"详见说明书"字样。分装的农药产品,其标签应当与生产企业所使用的标签一致,并同时标

图 1-2　中国农药信息网界面

注分装企业名称及联系方式、分装登记证号、分装农药的生产许可证号或者农药生产批准文件号、分装日期,有效期自生产日期起计算。标签/说明书不符合上述要求的农药,应慎购慎用。

选购农药应特别注意以下几个方面:

①注意农药名称　无论国产农药还是进口农药,必须有有效成分的中文通用名称及含量和剂型。

②注意农药"三证"　即农药登记证号、生产许可证号(或批准文件号)、产品标准号。

③注意使用范围　根据需要防治的病虫草害,选择与标签上标注的适用作物和防治对象相同的农药。

④注意净含量、生产日期、批号及有效期

⑤注意农药类别　农药标签下方的特征颜色标志带,表示杀菌剂—黑色、杀虫/螨/螺剂—红色、除草剂—绿色、杀鼠剂—蓝色、植物生长调节剂—深黄色等不同种类农药。

⑥注意毒性标志　农药标签上应在显著位置标明农药毒性及

其标志。农药毒性分为剧毒、高毒、中等毒、低毒、微毒五个级别,分别用"⬥"标识和"剧毒"字样、"⬥"标识和"高毒"字样、"⬥"标识和"中等毒"字样、"⬥"标识和"微毒"字样标注。标识应当为黑色,描述文字应当为红色。

(4)农药使用准则 我国已发布 9 项有关农药合理使用的国家标准,其中 8 项与苹果有关,共规定了苹果上 30 种农药的使用准则(表 1-12),在苹果生产过程中可供参考和应用。

表 1-12　苹果农药合理使用准则

标准编号		GB/T 8321.1—2000		GB/T 8321.2—2000		GB/T 8321.3—2000	
农药	通用名	溴氰菊酯 deltamethrin	氰戊菊酯 fenvalerate	溴螨酯 bromopropylate	异菌脲 iprodione	三唑锡 azocyclotin	氯氰菊酯 cypermethrin
	剂型及含量	2.5%乳油	20%乳油	50%乳油	50%可湿性粉剂	25%可湿性粉剂	25%乳油
防治对象		桃小食心虫等	桃小食心虫等	螨类	轮斑病、褐斑病等	红蜘蛛等	桃小食心虫等
稀释倍数 (有效成分浓度)		1250～2500 倍液 (5～10mg/L)	2000～4000 倍液 (50～100mg/L)	1000～2000 倍液 (250～500mg/L)	1000～1500 倍液 (333～500mg/L)	1000～1330 倍液 (185～250mg/L)	4000～5000 倍液 (50～60mg/L)
施用方式		喷施	喷施	喷施	喷施	喷施	喷施
每年最多使用次数		3	3	2	3	3	3
安全间隔期		5	14	21	7	14	21
最大残留限量参照值		0.1mg/kg	2mg/kg	全果 5mg/kg	10mg/kg	2 mg/kg	2 mg/kg

注:安全间隔期指最后一次施药距苹果采收的天数。

续表 1-12

标准编号		GB/T 8321.3—2000			GB/T 8321.4—2006
农药	通用名	除虫脲 diflubenzuron	顺式氰戊菊酯 esfenvalerate	甲氰菊酯* fenpropathrin	炔螨特 propargite	联苯菊酯 biphenthrin
	剂型及含量	25%可湿性粉剂	5%乳油	20%乳油	73%乳油	10%乳油
	防治对象	尺蠖、桃小食心虫等	桃小食心虫等	桃小食心虫、红蜘蛛等	螨类	桃小食心虫、叶螨等
	稀释倍数(有效成分浓度)	1000～2000 倍液 (125～250mg/L)	2000～3125 倍液 (16～25mg/L)	2000～3000 倍液 (67～100mg/L)	2000～3000 倍液 (243～365mg/L)	3000～5000 倍液 (20～33mg/L)
	施用方式	喷施	喷施	喷施	喷施	喷施
	每年最多使用次数	3	3	3	3	3
	安全间隔期	21	14	30	30	10
	最大残留限量参照值	1 mg/kg	全果 2 mg/kg	全果 5 mg/kg	全果 5 mg/kg	全果 1 mg/kg

* 防红蜘蛛用低浓度。

续表 1-12

标准编号		GB/T 8321.4—2006			GB/T 8321.5—2006
农药	通用名	噻螨酮 hexythiazox	氯苯嘧啶醇 fenarimol	多氧霉素* polyxin B	双甲脒 amitraz	四螨嗪 clofentezine
	剂型及含量	5%乳油	6%可湿性粉剂	10%可湿性粉剂	20%乳油	50%悬浮剂
	防治对象	红蜘蛛	黑星病、炭疽病、白粉病	轮斑病、斑点落叶病	红蜘蛛	红蜘蛛
	稀释倍数(有效成分浓度)	1500～2000 倍液 (25～33 mg/L)	1000～1500 倍液 (40～60 mg/L)	1000～1500 倍液 (67～100 mg/L)	1000～1500 倍液 (133～200mg/L)	5000～6000 倍液 (83～100 mg/L)
	施用方式	喷施	喷施	喷施	喷施	喷施
	每年最多使用次数	2	3	3	3	2
	安全间隔期	30	14	7	20	30
	最大残留限量参照值	0.5mg/kg	全果 0.1mg/kg	—	全果 0.5mg/kg	全果 0.5mg/kg

* 不能与酸性农药混用。

续表 1-12

标准编号		GB/T 8321.5—2006				GB/T 8321.6—2000
农药	通用名	氯氟氰菊酯 cyhalothrin	吡螨胺 tebufenpyrad	氟虫脲 flufenoxuron	唑螨酯 fenproximate	硫丹 endosulfan
	剂型及含量	2.5%乳油	10%可湿性粉剂	5%乳油	5%悬浮剂	35%乳油
防治对象		桃小食心虫	红蜘蛛	红蜘蛛	红蜘蛛 · 锈壁虱	黄蚜
稀释倍数（有效成分浓度）		4000～5000 倍液 (5.0～6.2 mg/L)	2000～3000 倍液 (33～50mg/L)	667～1000 倍液 (50～75 mg/L)	2000～3000 倍液 (17～25 mg/L) · 1000～2000 倍液 (25～50 mg/L)	3000～4000 倍液 (87.5～116.7mg/L)
施用方式		喷施	喷施	喷施	喷施 · 喷施	喷施
每年最多使用次数		2	3	2	2	3
安全间隔期		21	30	30	15	15
最大残留限量参照值		全果 0.2mg/kg	全果 1 mg/kg	全果 0.2mg/kg	全果 1mg/kg	1 mg/kg

续表 1-12

标准编号		GB/T 8321.6—2000	GB/T 8321.7—2002			
农药	通用名	代森锰锌 mancozeb	啶虫脒 acetamiprid	丙硫克百威 benfuracarb	丁硫克百威 carbosulfan	双胍辛胺乙酸盐 iminoctadine-triacetate
	剂型及含量	80%可湿性粉剂	3%乳油	20%乳油	20%乳油	40%可湿性粉剂
防治对象		斑点落叶病、轮纹病	蚜虫	蚜虫	蚜虫	斑点落叶病
稀释倍数（有效成分浓度）		800 倍液 (1000 mg/L)	2000～2500 倍液 (12～15 mg/L)	1500～3000 倍液 (66.7～133.3 mg/L)	3000～4000 倍液 (50～66.7 mg/L)	800～1000 倍液 (400～500 mg/L)

续表 1-12

标准编号	GB/T 8321.6—2000	GB/T 8321.7—2002			
施用方式	喷施	喷施	喷施	喷施	喷施
每年最多使用次数	3	1	2	3	3
安全间隔期	10	30	50	30	21
最大残留限量参照值	二硫化碳 3 mg/kg 乙撑硫脲 0.05mg/kg	0.5 mg/kg	0.05 mg/kg	0.05 mg/kg	全果 1 mg/kg

续表 1-12

标准编号		GB/T 8321.9—2009		
农药	通用名	克菌丹 captan	异菌脲 iprodione	噁唑菌酮＋代森锰锌 famoxadone＋mancozeb
	剂型及含量	80%可湿性粉剂	50%悬浮剂	68.75%水分散粒剂 （噁唑菌酮 6.25%＋代森锰锌 62.5%）
防治对象		轮纹病	斑点落叶病	斑点落叶病、轮纹病
稀释倍数 （有效成分浓度）		600～800 倍液 （1000～1333 mg/L）	1000～2500 倍液 （250～500 mg/L）	1000～1500 倍液 （458.3～687.5 mg/L）
施用方式		喷施	喷施	喷施
每年最多使用次数		6	3	3
安全间隔期		15	14	7
最大残留限量参照值		15mg/kg	5mg/kg	噁唑菌酮：2 mg/kg

3. 果实套袋 果实套袋已成为我国苹果生产的重要技术,不仅具有保护果面免受污染、促进着色、改善果实光洁度等优点,还能明显降低苹果中的农药残留量,是苹果安全生产的有效措施。果实套袋后,不仅可减少果部病虫害喷药次数,还使农药不与果实直接接触(即实现物理隔绝),因而能有效降低果实中的农药残留量。刘建海等(2003)对红富士苹果的研究显示,未套袋果辛硫磷残留量为 0.06 毫克/千克,而套袋果未检出。

第二章 苹果生产良好农业规范

一、实施良好农业规范的意义

　　我国是世界第一水果生产大国,水果栽培面积和产量均居世界首位。水果在我国农业生产与消费中占有举足轻重的地位,已成为国人膳食的重要组成部分。随着社会发展和人民生活水平的提高,水果质量安全日益受到重视。特别是最近 20 余年来,我国果业稳步发展,生产规模不断扩大,效益逐年增长,为农村发展、农民增收和农业增效做出了重要贡献。然而,我国水果生产还存在质量安全管控不力、农药和肥料使用不合理、水果质量安全风险隐患较多的现象,难以全面实现水果安全生产、安全贸易和安全消费。

　　安全的水果既是监管出来的,更是生产出来的。良好农业规范(Good Agricultural Practices,GAP)是初级农产品从田间到餐桌的全程质量控制体系。良好农业规范有利于促进水果生产质量安全管控水平和水果质量安全水平的提高,对推动我国水果生产的规范化管理、确保水果质量安全、保护水果生产环境、促进我国水果出口贸易等均具有重要意义。为此,我国制定了农业行业标准《仁果类水果良好农业规范》(NY/T 1995—2011)。本书针对苹果进行了细化。

二、苹果生产的主要环节

　　苹果生产分产前、产中和产后 3 个环节(图 2-1)。产前环节主要包括苗木选购与栽植、园址选择与管理。产中环节主要包括施肥、灌溉与排水、树体和花果管理、喷药、采收。产后环节主要包括采后处理、贮藏运输。废物和污染物管理、环境问题则贯穿整个苹果生产过程，即产前、产中和产后各环节均有涉及。苹果生产过程的记录则为产品追溯和内部自查提供了客观依据。

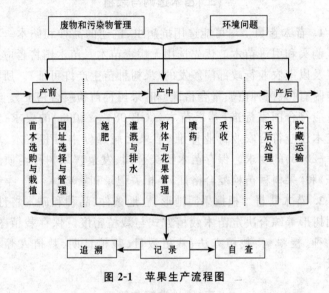

图 2-1 苹果生产流程图

三、苹果生产中的良好农业规范

（一）记录和追溯系统

苹果园应建立完善的记录系统，完整保存苗木购买与栽植记录，土壤分布图，肥料、农药、果袋、果贴、采后处理化学品、食品添加剂等投入品的购买、储存和使用记录，废弃农药包装和废弃农药处理记录，肥料施用和农药使用技术员专业知识证明文件（毕业证、学位证、培训合格证等)、苹果贮运销记录等相关记录和资料。同时,苹果园还应建立有效的追溯系统,确保销售出去的苹果能追溯回果园和追踪到直接购买者。所谓直接购买者,是指直接从该果园或其贮藏库购买苹果的人、企业或单位。

(二)苗木选购与栽植

1. 苗木选购 尽可能选用抗病虫、抗逆的品种和砧木。不从疫区购买和引进苗木。优先选用无病毒苗木。苗木销售者应持有县级及以上农业行政部门颁发的《果树种苗生产许可证》。所购苗木应附有《果树种苗质量合格证》和《果树种苗检疫合格证》。苗木质量应符合国家标准《苹果苗木》(GB 9847—2003)的要求,无病毒苗木还应符合农业行业标准《苹果无病毒母本树和苗木》(NY 329—2006)的要求。保存苗木购买合同、发票、《果树种苗质量合格证》和《果树种苗检疫合格证》等相关记录和资料。

2. 苗木栽植 根据果园地形、立地条件、品种和砧木特性、拟选用树形等综合决定苗木栽植方式与栽植密度。保存栽植图、主栽品种、授粉树、栽植方法、栽植数量、栽植日期、栽植人等相关记录。

(三)园址选择与管理

1. 园址选择 苹果园应远离工矿企业、交通干线及垃圾和废物堆放场所。土壤和空气质量应分别符合国家标准《土壤环境质量标准》(GB 15618—1995)和《环境空气质量标准》(GB 3095—2012)的要求,详见表1-3和表1-4。建园前,应从果品质量安全、果农健康、果树栽植历史、环境影响等各个方面对园址进行风险评估,凡存在风险隐患的地块均不宜建园。应针对选定园址的每个地块,设立永久性标识牌,并在果园规划图上标明。

2. 园址管理 绘制土壤分布图,标明各地块的编号、名称、土壤类型、区域范围、栽培品种等信息。建立必要的排灌设施。采用不会造成土壤板结和水土流失的土壤管理技术(如果园覆盖、果园生草、果园间作等),避免进行全园清耕。

(四)施　肥

1. 肥料购买　购买登记或免予登记的肥料产品。根据农业部《肥料登记管理办法》,硫酸铵、尿素、硝酸铵、氰氨化钙、磷酸铵(磷酸一铵、磷酸二铵)、硝酸磷肥、过磷酸钙、氯化钾、硫酸钾、硝酸钾、氯化铵、碳酸氢铵、钙镁磷肥、磷酸二氢钾、单一微量元素肥、高浓度复合肥等16种(类)肥料免予登记。苹果幼龄树耐氯力弱,因此,不宜使用含氯肥料(如氯化钾、氯化铵等)。获得农业部肥料正式登记证和肥料临时登记证的产品可从农业部种植业管理司网站查询相关信息。获得省级政府登记证的产品可从各省(自治区、直辖市)有关部门或其网站上进行查询。所购肥料的生态指标应符合国家标准《肥料中砷、镉、铅、铬、汞生态指标》(GB/T 23349—2009)的规定,详见表1-5。选用的有机肥应充分腐熟或经无害化处理。污泥、城镇垃圾、粉煤灰等杂肥的污染物含量应符合国家标准《农用污泥中污染物控制标准》(GB 4284—1984)、《城镇垃圾农用控制标准》(GB 8172—1987)和《农用粉煤灰中污染物控制标准》(GB 8173—1987)的规定,详见表1-6至表1-8。保存肥料购买合同、发票、产品说明书等相关资料。

2. 肥料储存　应有肥料储存清单。肥料不应与农药、农产品混存混放。肥料储存区应干净、干燥,适当遮盖。肥料储存设施应完好,无渗漏和泄漏。肥料储存方式应对果园及周围环境(土壤、空气和水源)无污染风险。

3. 肥料施用　由具备相应专业知识的技术人员指导。根据土壤和树体营养状况及苹果树需肥规律,确定施肥种类和施肥量。施肥机械应状态良好。不施用含氯肥料,慎用污泥、城镇垃圾、粉煤灰等杂肥。基肥以优质有机肥为主,追肥以速效肥为主。保存每个地块的施肥记录,如肥料产品的名称、有效成分及杂质含量、生产企业名称、登记证号以及施肥地块、施肥日期、施肥量、施肥方法、施肥机械、施肥人员等。

(五)灌溉与排水

根据苹果需水规律和土壤墒情确定灌水量。灌溉用水的水质应符合国家标准《农田灌溉水质标准》(GB 5084—2005)的要求,详见表1-2。采用沟灌、喷灌、滴灌、渗灌等节水灌溉技术。保存灌溉地块、灌溉日期、灌溉方法、灌水量、水源等灌水记录。雨季应利用沟渠及时排水,以免造成涝害。

(六)树体和花果管理

根据品种特性和砧穗组合,选择适宜树形,通过整形修剪,使树体结构合理、树势健壮、树冠通风透光。花期,采用人工授粉、放蜂等措施,促进坐果。根据品种和砧木特点,确定适宜花果间距,进行疏花疏果。果实套袋应选用符合品种特性和农业行业标准《苹果育果纸袋》(NY/T 1555—2007)要求的专用育果袋,具体操作参见农业行业标准《水果套袋技术规程　苹果》(NY/T 1505—2007)。保存果袋购买合同、发票、使用说明等记录。废弃果袋集中清出果园,并进行无害化处理。红色苹果进行果面贴字或贴图时,所用果贴应安全、清洁、卫生,使用食品胶,对果面无任何不良影响。采果后,及时清除园内枯枝、落叶、病果、僵果及废弃果袋,深埋或带出园外集中销毁。

(七)喷　药

1. 农药购买　购买登记或免予登记的农药产品,并保存农药购买合同、购买发票、产品标签等记录。目前,我国登记的农药产品可从中国农药信息网查询。不得购买禁用农药。目前,我国禁止在苹果上使用的农药包括艾氏剂、苯线磷、除草醚、滴滴涕、敌枯双、狄氏剂、地虫硫磷、毒杀芬、毒鼠硅、毒鼠强、对硫磷、二溴氯丙烷、二溴乙烷、氟乙酸钠、氟乙酰胺、甘氟、汞制剂、甲胺磷、甲拌磷、甲基对硫磷、甲基异柳磷、甲基硫环磷、久效磷、克百威、磷胺、磷化钙、磷化镁、磷化锌、硫丹、硫环磷、硫线磷、六六六、氯唑磷、灭多威、灭线磷、内吸磷、杀虫脒、特丁硫磷、涕灭威、蝇毒磷、治螟磷、砷、铅类,以及含氟虫腈成分的农药制剂。

2. 农药储存 由经过正规培训的专门人员负责。不与肥料、农产品混存混放。以原包装储存。固体农药不得放在液体农药的上方。农药储存设施上锁;远离其他设施,坚固耐用,结构合理,防火防雨,能抵御极端气温影响,照明和通风良好;货架采用不吸收农药的材料;配备农药量取工具、农药混配设施和农药泄漏处理工具。保留储存清单。农药储存设施和混配区有清晰可见的事故处理程序和清洁水源、急救箱等设施。

3. 农药使用 由具备相应专业知识的技术人员指导。施药人员有良好的防护措施。应当确认农药标签清晰,农药登记证号或者农药临时登记证号、农药生产许可证号或者生产批准文件号齐全后,方可使用。使用登记或免予登记的农药产品,不使用禁用农药,尽可能选用高效、低毒、低残留农药。施药器械状态良好。严格按照产品标签规定的剂量、防治对象、使用方法、施药适期、注意事项施用农药,不得随意改变。国家标准《农药合理使用准则》(GB/T 8321)有规定的农药可参照该标准执行,详见表1-12。保留农药使用记录,包括所用农药的生产企业名称、产品名称、有效成分含量、登记证号、安全间隔期以及施药地块、施药时间、施药方法、稀释倍数、防治对象、施药机械、施药人员等信息。剩余药液和药罐清洗液的处理符合《农药管理条例》的规定。按照农业行业标准《农药安全使用规范 总则》(NY/T 1276—2007)的规定,对剩余药液、施药器械清洗液、农药包装容器等进行妥善处置。施药后应在果园显眼位置设立安全间隔期警示标志。

4. 废弃农药包装和废弃农药的处理　以不危害人体健康、不污染环境的方式安全存放废弃农药包装。废弃农药包装在处置前应至少用水清洗3次。废弃农药包装和废弃农药的处理应严格遵守《农药管理条例》、《农药管理条例实施办法》等法律、法规的有关规定，按照农药废弃物的安全处理规程进行，防止农药污染环境和农药中毒事故。

（八）果实采收

苹果采收工具、采收容器、装果容器和运输工具应清洁卫生。附近有洗手设备和盥洗室，且卫生状况良好。采果人员衣着干净，无传染性疾病，有良好的个人卫生习惯，采果前应洗手。根据苹果采后用途，在最佳时期采收，应避开下雨、有雾或露水未干时段，避免对果实造成机械损伤，具体操作参见农业行业标准《苹果采摘技术规范》（NY/T 1086—2006）。

（九）采后处理

苹果采收后处理区和设施设备能防止老鼠等有害动物进入，清洁卫生，附近有洗手设备和盥洗室，且卫生状况良好。在苹果采收后处理区显眼位置张贴苹果采收后处理卫生要求。苹果采收后处理人员衣着干净，无传染性疾病，有良好的个人卫生习惯，不在采后处理区吸烟、进食、饮水，进行苹果采收后处理前应洗手。苹果采收后处理中产生的废弃物应及时清除，避免污染苹果和环境。

苹果清洗用水应达到国家标准《生活饮用水卫生标准》（GB 5749—2006）的要求，应经消毒处理，不得含有病原微生物，化学物质和放射性物质不得危害人体健康，感官性状良好，其水质应符合表2-1和表2-2规定的卫生要求。苹果采收后处理仅使用已取得登记证的化学品,按产品标签说明使用,并保留化学品使用清单和使用记录(包括批次/批号、商品名、使用理由、使用地点、使用日期、处理方式、使用量、操作人等)。对于《食品安全国家标准 食品添加剂使用标准》(GB 2760—2014)有规定的食品添加剂,其使用应符合该标准的规定。苹果采收后处理所用清洁剂、润滑油等应适用于食品工业,用量适宜,储存在远离苹果的地方。

剔出烂果、病果、虫果和有未愈合机械损伤的果实,避免果实腐烂,滋生病菌,产生棒曲霉素(也称展青霉素)等有毒、有害物质,危及消费者健康。按照客户/市场要求的标准或国家标准《鲜苹果》(GB/T 10651—2008)、国内贸易行业标准《预包装鲜苹果流通规范》(SB/T 10892—2012)、农业行业标准《苹果等级规格》(NY/T 1793—2009)等相关标准进行苹果分等分级,所用仪器设备应精准。苹果包装和标识应安全、清洁、卫生,具体要求详见农业行业标准《新鲜水果包装标识 通则》(NY/T 1778—2009)和有关苹果产品标准。

苹果的污染物含量应符合《食品安全国家标准 食品中污染物限量》(GB 2762—2012)的规定,农药残留量应符合《食品安全国家标准 食品中农药最大残留限量》(GB 2763—2014)的规定。苹果进入流通环节前,应进行重金属(铅、镉)和农药残留抽样检测。只有农药残留和重金属含量均不超标的苹果才能进入流通环节。我国苹果重金属和农药残留限量详见第六章。对于出口的苹果,还应符合出口目的地国家和地区的相关要求。

表 2-1　生活饮用水水质常规指标及限值

指　标	限　值
1. 微生物指标[1]	
总大肠菌群(MPN/100mL 或 100 CFU/mL)	不得检出
耐热大肠菌群(MPN/100mL 或 100 CFU/mL)	不得检出

续表 2-1

指　标	限　值
大肠埃希氏菌（MPN/100mL 或 100 CFU/mL）	不得检出
菌落总数（CFU/mL）	100
2. 毒理指标	
砷（mg/L）	0.01
镉（mg/L）	0.005
铬（六价）（mg/L）	0.05
铅（mg/L）	0.01
汞（mg/L）	0.001
硒（mg/L）	0.01
氰化物（mg/L）	0.05
氟化物（mg/L）	1
硝酸盐（以 N 计）（mg/L）	10；地下水源限制时为 20
三氯甲烷（mg/L）	0.06
四氯化碳（mg/L）	0.002
溴酸盐（使用臭氧时）（mg/L）	0.01
甲醛（使用臭氧时）（mg/L）	0.9
亚氯酸盐（使用二氧化氯消毒时）（mg/L）	0.7
氯酸盐（使用复合二氧化氯消毒时）（mg/L）	0.7
3. 感官性状和一般化学指标	
色度（铂钴色度单位）	15
浑浊度（散射浑浊度单位）（NTU）	1；水源与净水技术条件限制时为 3
臭和味	无异臭、异味
肉眼可见物	无
pH 值	$\geqslant 6.5$ 且 $\leqslant 8.5$

续表 2-1

指　标	限　值
铝(mg/L)	0.2
铁(mg/L)	0.3
锰(mg/L)	0.1
铜(mg/L)	1.0
锌(mg/L)	1.0
氯化物(mg/L)	250
硫酸盐(mg/L)	250
溶解性总固体(mg/L)	1000
总硬度(以 $CaCO_3$ 计)(mg/L)	450
耗氧量(COD_{mn}法,以 O_2 计)(mg/L)	3;水源限制,原水耗氧量＞6mg/L 时为 5
挥发酚类(以苯酚计)(mg/L)	0.002
阴离子合成洗涤剂(mg/L)	0.3
4. 放射性指标[2]	指导值
总 α 放射性(Bq/L)	0.5
总 β 放射性(Bq/L)	1

注:1)MPN 表示最可能数;CFU 表示菌落形成单位。当水样检出总大肠菌群时,应进一步检验大肠埃希氏菌或耐热大肠菌群;水样未检出总大肠菌群,不必检验大肠埃希氏菌或耐热大肠菌群。2)放射性指标超过指导值,应进行核素分析和评价,判定能否饮用。

表 2-2　生活饮用水水质非常规指标及限值

指　标	限　值
1. 微生物指标	
贾第鞭毛虫(个/10 L)	＜1
隐孢子虫(个/10 L)	＜1

续表 2-2

指　标	限　值
2. 毒理指标	
锑（mg/L）	0.005
钡（mg/L）	0.7
铍（mg/L）	0.002
硼（mg/L）	0.5
钼（mg/L）	0.07
镍（mg/L）	0.02
银（mg/L）	0.05
铊（mg/L）	0.0001
氯化氰（以 CN⁻ 计）（mg/L）	0.07
一氯二溴甲烷（mg/L）	0.1
二氯一溴甲烷（mg/L）	0.06
二氯乙酸（mg/L）	0.05
1，2-二氯乙烷（mg/L）	0.03
二氯甲烷（mg/L）	0.02
三卤甲烷（三氯甲烷、一氯二溴甲烷、二氯一溴甲烷、三溴甲烷的总和）	该类化合物中各种化合物的实测浓度与其各自限值的比值之和不超过 1
1，1，1-三氯乙烷（mg/L）	2
三氯乙酸（mg/L）	0.1
三氯乙醛（mg/L）	0.01
2，4，6-三氯酚（mg/L）	0.2
三溴甲烷（mg/L）	0.1
七氯（mg/L）	0.0004
马拉硫磷（mg/L）	0.25
五氯酚（mg/L）	0.009

续表 2-2

指　标	限　值
六六六(总量)(mg/L)	0.005
六氯苯(mg/L)	0.001
乐果(mg/L)	0.08
对硫磷(mg/L)	0.003
灭草松(mg/L)	0.3
甲基对硫磷(mg/L)	0.02
百菌清(mg/L)	0.01
呋喃丹(mg/L)	0.007
林丹(mg/L)	0.002
毒死蜱(mg/L)	0.03
草甘膦(mg/L)	0.7
敌敌畏(mg/L)	0.001
莠去津(mg/L)	0.002
溴氰菊酯(mg/L)	0.02
2,4-滴(mg/L)	0.03
滴滴涕(mg/L)	0.001
乙苯(mg/L)	0.3
二甲苯(总量)(mg/L)	0.5
1,1-二氯乙烯(mg/L)	0.03
1,2-二氯乙烯(mg/L)	0.05
1,2-二氯苯(mg/L)	1
1,4-二氯苯(mg/L)	0.3
三氯乙烯(mg/L)	0.07
三氯苯(总量)(mg/L)	0.02
六氯丁二烯(mg/L)	0.0006

续表 2-2

指　标	限　值
丙烯酰胺(mg/L)	0.0005
四氯乙烯(mg/L)	0.04
甲苯(mg/L)	0.7
邻苯二甲酸二(2-乙基己基)酯(mg/L)	0.008
环氧氯丙烷(mg/L)	0.0004
苯(mg/L)	0.01
苯乙烯(mg/L)	0.02
苯并(a) 芘(mg/L)	0.00001
氯乙烯(mg/L)	0.005
氯苯(mg/L)	0.3
微囊藻毒素-LR(mg/L)	0.001
3. 感官性状和一般化学指标	
氨氮(以 N 计)(mg/L)	0.5
硫化物(mg/L)	0.02
钠(mg/L)	200

(十)贮藏运输

　　苹果贮藏设施应清洁卫生,不放置与苹果贮藏无关的物品,能防止老鼠等有害动物进入。苹果贮藏操作可参照国家标准《食用农产品保鲜贮藏管理规范》(GB/T 29372—2012)、《苹果冷藏技术》(GB/T 8559—2008)、《水果和蔬菜　气调贮藏技术规范》(GB/T 23244—2009),农业行业标准《苹果贮运技术规范》(NY/T 983—2006)、《水果气调库贮藏　通则》(NY/T 2000—2011),以及国内贸易行业标准《水果和蔬菜　气调贮藏原则与技术》(SB/T 10447—2007)等相关标准。

　　苹果运输工具应清洁卫生,不与其他物品(农药、肥料等)混运,运输操作及相关要求可参照国家标准《易腐食品控温运输技术要求》(GB/T 22918—2008)、物资管理行业标准《易腐食品机动车辆冷藏运输要求》(WB/T 1046—2012)、农业行业标准《苹果采收与贮运技术规范》(NY/T 983—2005)等相关标准。苹果贮藏和运输过程中应轻拿轻放,文明操作,避免对果实造成机械损伤,避免果实腐烂、滋生病菌、产生棒曲霉素等有毒、有害物质,危及消费者健康。

第三章　苹果安全优质栽培

一、苹果生态区划

(一)苹果对环境条件的要求

1. 温度　苹果树为喜低温、干燥的温带果树,多分布在南、北纬 30°～50°之间。纬度低于 30°,冬季温度高,无足够的低温诱导,不能打破休眠。纬度高于 50°,生长期过短、冬季极限低温过低。

通常,年平均温度 8℃～14℃,绝对低温≥−25℃,1 月份平均温度≥−10℃,夏季最高月平均温度≤20℃,≥10℃ 年积温5 000℃ 左右,冬季 7.2℃ 以下低温 1 200～1 500 小时,年降水量>500 毫米,无霜期 170 天以上的地区,均可大面积发展苹果。

霜冻是影响苹果生产的主要灾害。春季,苹果树体逐渐解除休眠,各器官御寒能力明显下降,异常升温 3～5 天后若遇强寒流,花蕾、花朵和幼果极易冻伤、脱落。苹果花期霜冻致死温度见表3-1。

表 3-1　苹果花期霜冻的致死温度

发育阶段	10％致死	90％致死
花芽萌动期	−9.4℃	−16.7℃
花芽开绽期	−7.8℃	−12℃
花芽露绿期	−5℃	−9.4℃
花序露出期	−2.7℃	−6.1℃
花序伸长期	−2.2℃	−4.4℃

续表 3-1

发育阶段	10%致死	90%致死
花蕾分离期	−2.2℃	−3.9℃
初花期	−2.2℃	−3.9℃
盛花期	−2.2℃	−3.9℃
落花期	−2.2℃	−3.9℃

2. 光照 苹果原产日照强烈的内陆地区,为喜光果树。苹果主产区年日照时数多在 2 200～2 800 小时,果实生长发育期、着色期和成熟期三个关键时期的月平均日照时数在 150～200 小时。年日照时数不足 1 500 小时或果实生长后期月平均日照时数不足 150 小时会明显影响果实品质。光照强度低于自然光 30%,则花芽不能形成。

3. 土壤 应土层深厚,活土层在 80 厘米以上,地下水位 1.5～2 米及以下。土壤肥沃,有机质含量 1%～1.5%及以上。土质疏松,通气性好。最适 pH 值 5.4～6.8。土壤总含盐量在 0.3%以下。避免在老苹果园旧址上重新栽植,以免发生再植病。

4. 地势和地形 苹果比较适于在山地和坡地栽培。一般选择南至西南坡建园。但坡度不能超过 25°,当坡度超过 10°时,应先修梯田(图 3-1)。谷底或洼地容易积聚冷空气,引起霜害,不适宜栽植苹果树。

5. 交通便利 果园周围良好的交通条件既有利于肥料、农药等农资和投入品的运入,也有利于苹果采收后及时运往市场销售或运往贮藏库贮存。

(二)苹果栽培适宜区

苹果园地选择应以《苹果优势区域发展规划》为基准,优势区域的生态条件应当符合最适宜区或适宜区的指标要求(表 3-2)。

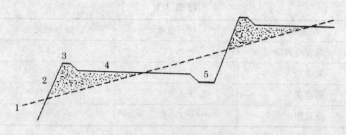

图 3-1　梯田示意图

1. 原坡面　2. 梯壁(上部为垒壁,下部为切壁)
3. 边沿小埂　4. 阶面　5. 蓄水沟

我国四大苹果主产区中,渤海湾产区和西北黄土高原产区为优势区域,黄河故道产区属于次适宜区。

表 3-2　我国主要苹果产区的生态指标

引自《苹果学》(束怀瑞,1999)

产　区		主要指标				辅助指标			符合指标项数
		年均温	年降水	1月中旬均温	年极端最低温	夏季(6~8月)均温	>35℃天数	夏季平均最低气温	
最适宜区		8~12	560~750	>−14	>−27	19~23	<6	15~18	7
黄土高原区		8~12	490~660	−1~−8	−16~−26	19~23	<6	15~18	7
渤海湾区	近海亚区	9~12	580~840	−2~−10	−13~−24	22~24	0~3	19~21	6
	内陆亚区	12~13	580~740	−3~−15	−19~−27	25~26	10~18	20~21	4
黄河故道区		14~15	640~940	−2~2	−15~−23	26~27	10~25	21~23	3
西南高原区		11~15	750~1100	0~7	−5~−13	19~25	0	15~17	6
北部寒冷区		4~7	410~650	<−15	−30~−40	21~24	0~2	16~18	4

注:气温指标的单位均为℃。降水量单位为毫米。

1. 渤海湾产区　该区包括胶东半岛、泰沂山区、辽南及辽西部分地区、燕山、太行山浅山丘陵区。地理位置优越,品种资源丰富,产业化优势明显,管理水平较高,出口比例大,是我国晚熟品种的最大商品生产区。沿海地区夏季冷凉、秋季长,光照充足。泰沂山区生长季节气温较高,有利于中早熟品种提早成熟上市。燕山、太行山浅山丘陵区自然生态条件良好,光热资源充足,是富士苹果集中产区。该区苹果生产以中晚熟品种(如乔纳金)和晚熟品种(如富士)为主,为我国中晚熟和晚熟苹果生产基地。

2. 黄土高原产区 该区包括陕西渭北和陕北南部地区、山西晋南和晋中、河南三门峡地区和甘肃的陇东及陇南地区。生态条件优越,海拔高,光照充足,昼夜温差大,土层深厚,生产规模大,发展潜力大,是我国苹果优质生产基地。以陕西渭北为中心的西北黄土高原地区是我国最重要的优质晚熟苹果生产基地。陇东、陇南及晋中等地区湿度适宜,是我国重要的优质元帅系苹果集中产区。延安以北、兰州以西地区,由于年平均温度较低,$\geqslant 10℃$积温不够,霜冻早,制约了晚熟苹果(如富士)生产。

3. 黄河故道产区 该区降雨集中,与果树需求不够协调,适于富士、乔纳金苹果生产,元帅系苹果果实着色差、果面粗糙。应以早熟和晚熟苹果为主。

4. 西南冷凉高地产区 该区纬度低、海拔高、地形复杂多变,利于早、中熟苹果生产,为元帅系和乔纳金苹果优质生产基地。由于海拔高、紫外光强,富士苹果着色过头,呈暗紫色。

二、苹果优良品种

依据当地贮藏和运输条件、市场容量及品种贮藏性,确定早、中、晚熟品种的组成比例。就一个省、一个地区或一个县而言,一般早熟品种比例不超过15%,中熟品种约占20%,晚熟品种约占60%。城镇和工矿区附近可适当增加早熟品种比例。远郊区和交通不便的山区,应增加晚熟、耐贮运品种的比例。就同一地块而言,品种不宜过多,而且成熟期应相近,最好是选用2~3个可互为授粉树的主栽品种。另外,年平均温度也是选择不同熟期品种的重要依据,一般年平均温度低的果区应栽培早熟至中晚熟品种;年平均温度在9℃~11℃的果区,各种成熟期的品种均可栽培,但以晚熟为主,适当增加早熟品种比例;年平均温度在12℃以上的果区,应以早、中熟品种为主,兼顾晚熟品种。

(一)苹果早熟优良品种

图3-2 "藤牧一号"苹果

1. 藤牧一号 美国品种。果实长圆形或圆形(图3-2),平均单果重210克。果皮底色黄绿,着鲜红色条纹。果肉黄白色,肉质松脆多汁,酸甜爽口,有芳香味,品质上等。室温下可贮藏20天左右。

2. 珊夏 日本农林水产省果树试验场盛冈支场用嘎啦×茜培育而成的品种。果实短圆锥形,平均单果重200克。果肉黄白色,肉质稍粗,松脆多汁,甜酸味浓,品质中上等。室温下可贮藏20天左右。

3. 秦阳 我国品种。果实近圆形(图3-3),平均单果重190克。果皮底色黄绿,着鲜红色条纹。果肉黄白色,肉质细脆,汁中等多,风味酸甜,有香气。常温可贮藏15天左右。

图3-3 "秦阳"苹果

高抗白粉病、早期落叶病和金纹细蛾,较抗食心虫。

(二)苹果中熟优良品种

1. 嘎啦 新西兰品种。果实圆锥形或近卵形(图 3-4),平均单果重 130 克。果皮底色黄色,着红色条纹或鲜桃红色晕。果肉淡黄白色,肉质致密,汁液多,酸甜适中,清香味浓,品质上等。较耐贮。

2. 元帅系品种

(1)新红星 美国品种。果实圆锥形(图 3-5),单果重 180～200 克。全面鲜红色或浓红色,蜡质层厚,有光泽。果肉黄白色,肉质细,致密多汁,味香甜,品质上等。

图 3-4 "嘎啦"苹果   图 3-5 "新红星"苹果

(2)康拜尔首红 美国品种。果实圆锥形(图 3-6),平均单果重 230 克。全面鲜红色或浓红色,果面光洁。果肉乳白色,细脆多汁,品质上等。

(3)阿斯 美国品种。果实圆锥形(图 3-7),平均单果重 230 克。果面浓红色或紫红色。果肉乳白色,松脆多汁,品质上等。

(4)瓦里短枝 美国品种。果实圆锥形,单果重 200～250 克。全面浓红色或紫红色。果肉乳白色,细脆多汁,品质上等。

图 3-6 "康拜尔首红"苹果　　　　图 3-7 "阿斯"苹果

　　(5)俄矮 2 号　美国品种。果实圆锥形,平均单果重 210 克。全面鲜红色或浓红色,蜡质较厚,富有光泽。果肉黄白色或乳白色,细嫩多汁,品质上等。

　　(6)天汪 1 号　我国品种。果实圆锥形(图 3-8),平均单果重200 克。全面鲜红色或浓红色。果肉初采时为绿白色,贮藏后为黄白色,细嫩多汁,品质上等。

图 3-8 "天汪一号"苹果

　　3. 蜜脆　美国品种。果实扁圆形(图 3-9),单果重 310～330克。果皮底色绿色,果面部分着色,着淡条红色。果肉黄白色,细脆多汁,风味酸甜,品质上等。抗旱、抗寒性较强,不耐贫瘠,对苹果早期落叶病有较强的抗性,易落果。

4. 皮诺洼 德国品种。果实圆形(图 3-10),平均单果重 220克。果皮底色黄绿色,着鲜红色条纹。果肉黄白色,质脆多汁,甜酸适口,香味浓郁,品质上等。耐贮运。较抗苹果斑点落叶病和褐斑病,苹果锈病抗病力中等。

图 3-9 "蜜脆"苹果　　　　　图 3-10 "皮诺洼"苹果

5. 华硕 我国品种。果实近圆形,平均单果重 260克。果皮底色绿黄色,着鲜红色。果肉绿白色,肉质松脆,酸甜适口,有芳香,品质上等。室温下可贮藏 20天左右,冷藏条件下可贮藏 3个月。较抗苹果枝干轮纹病、白粉病和褐斑病。

(三)苹果晚熟优良品种

1. 富士系

(1)长富 2号　日本品种。果实圆形(图 3-11),平均单果重220克。果面被鲜红色条纹。果肉黄白色,细脆多汁,酸甜适口,品质上等。耐贮性强,不易发绵,自然贮藏可到春节。

(2)福岛短枝　日本品种。果实圆形(图 3-12),平均单果重230克。果面片红色。果肉黄白色,肉质脆,致密多汁,酸甜适口,

稍有芳香,品质上等。耐贮藏,在 0℃～2℃条件下果实可贮藏至
翌年 5 月份。

图 3-11 "长富 2 号"苹果

（3）宫崎短枝　日本品种。果
实近圆形,平均单果重 220 克。果
皮底色绿黄色或淡黄色,全面鲜红
色。果肉乳黄色,肉质致密、细脆
多汁,酸甜适口,香味浓,品质极上
等。耐贮性与普通富士相似,一般

图 3-12 "福岛短枝"苹果

可贮藏 5～6 个月。

（4）烟富 3 号　我国品种。
果实近圆形或长圆形(图 3-13),
单果重 245～314 克。果面浓红
色。果肉淡黄色,肉质致密硬
脆,味甜,品质上等。耐贮性强。

（5）烟富 6 号　我国品种。
果实近圆形或近长圆形,单果重
253～271 克。果面浓红色。果

图 3-13 "烟富 3 号"苹果

肉淡黄色,肉质致密硬脆,多汁,味甜,品质上等,耐贮运。

(6)烟富 8 号 我国品种。果实长圆形(图 3-14),平均单果重 315 克。全面浓红色。果肉淡黄色,肉质致密、细脆多汁,味甜,微酸。耐贮性强。

图 3-14 "烟富 8 号"苹果

(7)烟富 10 号 我国品种。果实长圆形,平均单果重 326 克。全面浓红色。果肉淡黄色,肉质致密、细脆多汁,风味极佳,品质上等。耐贮性强。对轮纹病抗性较差,较抗炭疽病和早期落叶病。

(8)昌红 我国品种。果实圆形,平均单果重 270 克。全面鲜红色。果肉金黄色,肉质细脆多汁,酸甜适口,品质上等。耐贮藏。

(9)礼泉短富 我国品种。果实短圆锥形,平均单果重 270 克。果皮底色黄绿色,片红色。果肉黄白色,质脆汁多,酸甜适口,品质上等。耐贮性与富士相同。

2. 寒富 我国品种。果实短圆锥形(图 3-15),单果重 250 克以上,鲜红色。果肉淡黄色,酥脆多汁,风味甜酸,有香气,品质中等。极耐贮藏,在贮藏库贮藏期可达 8 个月左右。结果早、丰产性好、抗风、抗旱、抗病虫,短枝性状显著,适于矮化密植。

3. 华红 我国品种。果实长圆形(图 3-16),平均单果重 250 克。果皮底色黄绿色,被鲜红霞或全面鲜红色。果肉淡黄色,肉质松脆多汁,味酸甜,有香气,品质上等。耐贮性强。抗寒,抗枝干轮纹病。

图 3-15 "寒富"苹果　　　　图 3-16 "华红"苹果

4. 粉红女士　澳大利亚品种。果实近圆柱形(图 3-17),平均单果重 200 克。果皮底色绿黄色,全面粉红色或鲜红色。果肉乳白色,硬脆多汁,酸甜适口,香味浓,风味佳。极耐贮。

图 3-17 "粉红女士"苹果

三、苹果建园与栽植

(一)苗木选择

可按照国家标准《苹果苗木》(GB 9847—2003)和农业行业标准《苹果无病毒母本树和苗木》(NY 329—2006),选取一级苗木建园,即无病虫害、生长健壮、根系发达,高度在 100 厘米以上,主根 3~4 条及以上,整形带饱满芽数 8 个以上,苗木嫁接口以上 5 厘米处直径达 1 厘米以上。

(二)授粉树配置

为确保新建果园高产、优质,应合理配置授粉树。授粉品种要求花粉量大、生命力强,可与主栽品种相互授粉;结果年龄、花期、树冠大小、树体寿命等与主栽品种相近;果实成熟期与主栽品种一致,果实品质好、商品价值高。要求授粉树与主栽品种的比例为 1:4~8。在两个品种互为授粉树时,可按 1:1 栽植。在栽植三倍体品种时,其授粉树必须栽 2 个品种以上,并且它们之间可以相互授粉。一些主栽品种的常用授粉品种见表 3-3。

表 3-3　部分主栽品种的常用授粉品种

主栽品种		授粉品种
富士系	普通型	元帅系、金冠、金矮生、世界一、津轻、千秋、王林等
	短枝型	首红、金矮生、新红星、烟青等
元帅系	普通型	富士、金冠、嘎啦、红玉、青香蕉等
	短枝型	金矮生、短枝富士、烟青、绿光等
嘎啦系		津轻、富士、澳洲青苹、印度等
金　冠		红星、青香蕉、祝光等

续表 3-3

主栽品种	授粉品种
金矮生	烟青、新红星、王林、短枝富士等
乔纳金系	元帅系、王林、嘎啦、国光、富士、千秋等
王 林	富士、金矮生、澳洲青苹、嘎啦等
津 轻	元帅系、金冠、嘎啦、红玉、世界一等

　　授粉树在果园中配置的方式很多,在小型果园,授粉树常用中心式栽植,即一株授粉树周围栽 8 株主栽树;在大型果园,应沿小区长边方向,成行栽植授粉树,通常 3～4 行主栽树配置 1 行授粉树。也可采用等量式配置,两个品种互为授粉树,相间成行栽植。在有大风危害的地方,尤其是在高山区,授粉树和主栽树的间隔应小些。对于乔纳金、陆奥、世界一等三倍体品种,自身花粉发芽率低,配置授粉树时,最好选配 2 个既能给三倍体品种授粉,又能相互授粉的授粉品种。苹果授粉树配置方式主要有以下 4 种(图 3-18)。

图 3-18　苹果授粉树配置方式
1. 中心式　2. 少量式　3. 等量式　4. 复合式

　　1. 中心式　1 株授粉树周围栽 8 株主栽树,授粉树占果园总株数的 11.1%。这种形式适于授粉树少,正方形栽植的果园(图3-18)。

2. 少量式 每隔3～4行主栽树栽1～2行授粉树,授粉树占果园总株数的20%～33%。这种形式适于授粉树少,大面积栽植的果园。

3. 等量式 授粉树与主栽树各占一半,各2～3行相间排列,适于授粉品种和主栽品种都有较高经济价值的情况。

4. 复合式 在两个品种不能相互授粉或花期不遇时,要栽第三个品种进行授粉,如乔纳金、北斗园。可以三三制配比,顺序排列均可。

在授粉树不足时,可利用部分主栽品种作砧树,高接经济价值高的品种,使之达到需要的比例,具体安排可参考中心式或少量式等方式加以调整。

(三)栽植密度

合理的栽植密度不仅有利于早实、丰产,还能保证果园良好的群体结构,便于田间管理。果园栽植密度应根据自然条件、品种特性、砧穗组合、整形修剪方法、机械化管理水平、栽植面积、资金投入能力等综合确定。苹果园常用栽植密度见表3-4。

表3-4 苹果园常用栽植密度

砧穗组合	山地、丘陵			平 地		
	株距 (m)	行距 (m)	密度 (株/667m²)	株距 (m)	行距 (m)	密度 (株/667m²)
普通型品种/乔化砧	3～4	4～5	33～55	3～4	5～6	28～44
短枝型品种/乔化砧 普通型品种/矮化中间砧	2～3	3～4	33～55	2.5～3.5	4	48～66
短枝型品种/矮化中间砧 短枝型品种/矮化砧	1.5～2	3～4	83～148	2～2.5	3～4	66～111

摘自中华人民共和国农业行业标准《苹果生产技术规程》(NY/T 441—2013)。

（四）栽植时间

苹果苗木的栽植一般在春季进行,时间以 2～3 月份为宜。对于冬季寒冷干旱地区,若采用春季定植,应在苗木未萌动的前提下适当晚栽,以利苗木成活,栽植时间可延至 4 月中旬。西北黄土高原、西南冷凉高地等苹果产区可在秋季栽植,时间以 10 月中下旬至 11 月中下旬为佳,栽植过早或偏晚均不利于苗木成活。

（五）栽植技术

1. 挖栽植沟（穴）　按行株距挖深、宽 0.5～0.6 米的栽植沟（穴）。挖出的表土与足量腐熟有机肥、磷肥、钾肥混匀,回填。待填至低于地面 20 厘米时,灌水浇透,使土沉实,然后覆上一层土保墒。容易积涝地区,宜起垄栽植,垄台高 20～40 厘米、上台宽 60～80 厘米,下台宽 100～120 厘米,将苗木栽于垄台上。

2. 栽植　在栽植沟（穴）内按株距挖深、宽 30 厘米的定植穴。将苗木放入穴中央,嫁接口和地面平齐,舒展根系,扶正苗木,纵横成行,边填土边提苗、踏实。修好树盘,立即灌水,浇透后覆盖地膜保墒。春栽苗定植后立即定干,秋栽苗翌年春季萌芽前定干。定干剪口采取涂抹保护剂、套塑料膜袋等措施予以保护。

3. 配套管理

（1）定干　若苗木质量较差,栽后需在距地表 70～80 厘米处选留饱满芽定干。若苗木质量好,定干高度 90～100 厘米。带土坨苗栽植当年不需定干。

（2）扶直中干　幼苗期,在每株树旁插竹竿,绑缚苗木,扶直中干;也可直接立水泥杆。第二年,顺行立水泥杆,杆高一般在 3.5 米左右,间隔 10～12 米,杆间拉 3～4 层铁丝,绑缚苗木、扶直中干。

（3）抹芽　萌芽后,苗干上距地面 50 厘米内的芽体全部抹除。

随萌随抹。

(4)肥水管理　定植覆膜之后,根据土壤墒情适当灌水。有滴灌设施的果园,可配合灌水进行施肥。此外,还可结合药剂防治喷施叶面肥。

四、苹果整形修剪

(一)苹果常用树形及其培养

根据株行距、立地条件等,确定适宜的树形,如矮砧树,可整成细长纺锤形、矮纺锤形、自由纺锤形和主干形(图 3-19);矮化中间砧树可整成自由纺锤形、细长纺锤形等;乔砧树可整成小冠疏层形、自由纺锤形、折叠式扇形或主干形,有的可整成改良纺锤形等。在不同树形基础上,因树制宜地培养良好的枝组系统,中等树冠中小枝组占 90％,小树冠中小枝组占 100％。总的要求是大枝要少,小枝要多,但多而不密。树体结构合理,通风透光,光能利用率高,花芽质量好,营养集中,果大质优。同时,有利于疏花、疏果、套袋、喷药等田间作业,以节省用药,提高作业效率。

1. 小冠疏层形

(1)树形结构　该树形适于缓坡丘陵山地果园普通型品种/乔化砧、短枝型/乔化砧和普通型品种/矮化中间砧。适宜株行距为3～4 米×4～5 米。干高 70～80 厘米,树高 3 米左右,全树分布 5～6 个主枝,分 3 层排列:第一层 3 个,第二层 1～2 个,第三层 1个。第一层 3 个主枝的方位角各为 120°左右,层内距 10～20 厘米。第一、第二层层间距 70～80 厘米,第二、第三层层间距 50～60 厘米。在第一层主枝上各配备侧枝 1～2 个,侧枝向外斜侧分布。第一侧枝距中央领导干 20～40 厘米,第二侧枝距第一侧枝50 厘米左右。第二、第三层主枝上不留侧枝,只分布大枝组。二

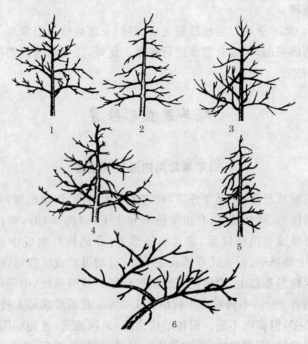

图 3-19　6 种主要苹果树形

1. 自由纺锤形　2. 细长纺锤形　3. 小冠疏层形
4. 主干疏层形　5. 主干形　6. 折叠式扇形

三层主枝安排在第一层主枝的空当处。栽后 7～8 年生树树冠过大,光照恶化后,在二层上落头开心,变成小冠开心形。

　　(2)树形培养　第一年,70～80 厘米处定干,1.2 米以上大苗可提高到 80～110 厘米定干,整形带留 8～10 个饱满芽,可通过刻芽促生分枝。萌芽后 1～2 月,抹除主干上距地面 50 厘米以下的萌芽,同时抹除定干处以下 2～4 芽。选择位置居中、生长健壮、直立向上新梢作为领导干,严格控制竞争枝的生长。冬剪时,中央领导干剪留 80～90 厘米,各主枝剪留 40～50 厘米,剪口留外芽,将主枝基角拉到 60°以上,各方位角达到 120°左右。第一年选定 3 个主枝最好,也可分 2 年完成。

栽后第二、第三年,为了促进适宜位置抽生侧枝,萌芽前在该侧生枝的芽上方 0.5 厘米处,刻芽促枝。夏、秋季控制好竞争枝、密生枝和背上直立枝。冬剪时,继续选留好第一、第二层主枝。第一层主枝的层内距为 20～30 厘米,各主枝间夹角为 120°左右。在第一层主枝上,开始配备第一、第二个侧枝,均选在背斜侧方向。第一侧枝离基部 20～40 厘米,第二侧枝距第一侧枝 50 厘米左右。第一、第二层层间距要保持在 70～80 厘米,层间可配置一些辅养枝或大枝组,以增加早期产量,8 月份将主枝拉到 70°～80°角度,以利早结果。冬剪时,中央领导干延长头留 50 厘米,各主枝延长头留 40 厘米,一律留外芽短截。

栽后第四、第五年,4 年生树,中央领导干延长枝剪留 50～60 厘米,各主枝头剪留 40～50 厘米,侧枝头剪留 40 厘米左右。辅养枝缓放拉平,多留花芽,令其结果。5 年生树,生长正常者树高可达 3 米左右,延长头长放不截,继续选留基部主枝上的第二侧枝和第三层上的主枝,对各类枝组一律长放不截,并拉到 120°状态,以利形成单轴、斜生下垂枝组。

2. 自由纺锤形

(1)树形结构　干高 70～80 厘米,树高 3～3.5 米,主枝与中心干粗细比例为 1∶2～3,中心干上留 10～15 个小主枝,主枝水平长度 1.5～2 米,主枝角度 80°～90°,成龄后的树体冠幅上小下大,呈纺锤形。

(2)树形培养　第一年,70～80 厘米处定干,大苗高定干或不定干。春季萌芽后抹除距地面 50 厘米以下的全部芽体,抹除定干处以下 2～4 芽。选择顶端粗壮、直立的枝条培养为中央领导干,当年可立竹竿扶直幼龄树使中心干直立生长,竞争枝疏除。8 月上旬至 9 月中旬,选择 5～6 个分布均匀、间距 20 厘米左右的新梢作主枝,并将其拉至 80°～90°角。

　　第二、第三年,春季萌芽前,在中心干分枝不足处进行刻芽促发新枝,中心干长势健壮的延长头长放不剪,主枝缓放不短截,长势弱的用下部竞争枝代替,抽生长枝少的树,中央领导干延长枝在饱满芽处中短截,疏除竞争枝,其他枝留基部瘪芽极重短截。夏剪时疏除背上过旺、过密新梢,新梢间距应保持在 30 厘米左右。继续第一年的方法选留主枝并拉枝。保留的主枝如果粗度超过中心干粗度的 1/2,则基部留 1～2 个瘪芽采用斜剪口进行短截。第二年需顺行立水泥杆,杆高一般在 3 米左右,间隔为 10～12 米,可根据株距进行适当调整,杆间需拉 3～4 层铁丝用来固定树体,复制中心干。

　　第四年及以后,树形基本成形,树高控制在 3.5 米左右,修剪方法主要是疏除和长放,对中下部培养出来的主枝,注意培养枝组,稳定结果,并逐年向外延伸。对占领空间过大,枝轴过粗的强旺枝组,要控制体积,适当回缩;过密的枝组,选留好的,定位定向,余者疏除;过弱的枝组,及时更新复壮。注意枝组轴粗不得超过主枝的1/2,主枝轴粗不得超过中心干的 1/2,中心干长势太强,可用弱枝代头,但不能落死头。

3. 高纺锤形

　　(1)树形结构　树高 3～3.5 米,干高 0.8～1 米;中央领导干与同部位主枝粗度之比 5～6∶1,主枝基部直径最大不超过 2.5 厘米;中心干上配备小主枝 25～35 条,主枝水平长度 1～1.5 米,角度 100°～110°。成龄后的树体冠幅小(最大冠幅 1.5 米)而细长,呈纺锤状,枝量充足,结果能力强,无大主枝,有小主枝 25 条左右(图 3-20)。

　　(2)树形培养　采用大苗建园,栽植当年用竹竿扶正幼苗使其顺直生长,高定干或不定干,在距地面 80～100 厘米处往上螺旋状刻芽,萌芽后严格控制侧枝生长势,侧枝长度达到 25～30 厘米时进行拿枝、拉枝,确保中心干健壮生长,定植当年树高应达到2.0～2.5 米。

第二年春季,疏除上年中心干上长出的新枝,疏枝时采用斜剪法将剪口平向上方,留出轮痕芽促发弱枝;中心干刻芽促发分枝。严格控制侧枝长势,侧枝长度达到 45 厘米时进行拿枝、拉枝,角度100°～110°,确保中心干健壮生长。

第三年春季,中心干上抽生的分枝可全部保留,对长势较强的主枝可适当疏除;3 年生树中心干上如新枝发生困难,有严重光秃现象的,可适当短截。尽可能使主枝生长势保持均衡,使同侧主枝保持 10～15 厘米的间距。

第四年,树高达到 3 米以上,分枝 30～50 个,整形基本完成。果树进入初果期,如果树势较弱,春季疏除花芽,推迟结果 1 年。

随着树龄增长,适时去除中心干上部过长的大枝,尽量不回缩,及时疏除顶部竞争枝。为了保证枝条更新,去除中心干中下部大枝时应留小桩,促发平生的中庸更新枝,培养细长下垂结果枝组。

图 3-20 高纺锤形

4. 细长纺锤形

(1)树形结构 树高 2～3 米,冠径 1.5～2.0 米,在中央领导干上,均匀着生势力相近、细长、水平的 15～20 个侧生分枝,下部枝长 1 米,中部枝长 70～80 厘米,上部枝长 50～60 厘米为宜。中心干延长枝和侧生枝一般可不短截自然延伸。全树细长,树冠下大上小,呈细长纺锤形,适合株行距 2 米×2.5～4 米的密植栽培。

(2)树形培养　苗木栽植后,苗木质量一般的在距地面 70～90 厘米处定干,强旺大苗高定干或不定干,通过刻芽促发分枝,从地面 50 厘米以上每隔 2～3 个芽刻 1 个,顶部 20 厘米不刻。当年 6 月份,当新梢长至 20～30 厘米时用牙签撑开基角,8～9 月份将所发分枝拉平。第一年冬剪时延长枝不短截。

第二年,中心干上抽生的分枝,第一芽枝继续延伸,其余侧生枝一律拉平,长放不剪,同一侧主枝相距 40～50 厘米。对主枝的背上枝可利用扭梢的方法控制,使其转化成下垂结果枝。

第三年,冬剪时中心干延长枝长放不截,依据树势决定是否换头。对直立枝可部分疏除、部分拉平缓放。

4～5 年,调整中心干长势,弱的短截促发壮条、恢复长势,强的疏除下部竞争枝,其余缓放不截。中下部主枝,培养枝组,稳定结果,并逐年向外延伸,逐步疏除过密过强的主枝。中央领导干连年长放。

6～7 年,对水平状态侧生分枝促其结果,对于结过果的下部大龄主枝视其强弱进行回缩,过密的疏除,使整个树冠成为上、下两头细,中间粗的纺锤形树冠。

5. V 字树形

(1)树形结构　株行距为 0.75 米×3.5 米,树体向行间左右两个方向呈 60°角斜向生长,设有支架,每棵树上留十几个横向结果枝。

(2)树形培养　果树定植前按南北行向设置"V"字形架作树体支撑物。架体由立柱(角铁或木杆)和粗铁丝组成,柱长 3～5 米因行距而定。立柱每二根组成一对,以 60°夹角交叉插入地下,深

0.7～1米,行内架距10米。从柱顶向下每隔0.5米设一道铁丝。

定植苗木从第一株算起,奇数株按垂直位置向左拉到30°角固定在钢管架的铁丝上,偶数株按垂直位置向右拉到30°角固定在钢管架的铁丝上,培养中心干分别向东、西方向生长,引缚架上,中心干每年冬季不短截,其上直接着生中小型枝组。由中心干分生的小侧枝拉至水平绑在铁丝上,冬季也不短截。中心干上留3～4个主枝向外延伸,夏剪时全部疏除背上枝,调整两侧和背后方向枝的长势和密度,促使树体结构和枝量合理(图3-21)。

图3-21　V字树形

(二)苹果修剪技术

1. 休眠期修剪

(1)短截　剪去1年生枝条的一部分,称为短截。其作用是刺激剪口下侧芽萌发和抽枝,剪口下第一芽受刺激作用最强,向下依次减弱。短截部位不同,其反应不同(图3-22)。

①轻短截　剪去枝条顶端1/4左右。剪口下多为次饱满芽,剪后抽生的长枝较少、生长势弱,而发出的中、短枝多,全枝势力缓和,有利花芽形成。

②中短截　在枝条春梢中上部1/2处饱满芽带剪截。剪口下多为饱满芽,剪后可抽生几个强旺枝条,中、短枝发生较少,成枝力强,单枝生长势强。该法多用于骨干枝延长头的修剪及培养大型枝组等。

③重短截　在枝条中下部2/3～3/4处次饱满芽带剪截。剪口下可抽生1～2个较强旺的长枝,中、短枝抽生较少,不利于成花。该法多用于培养枝组、改造徒长枝等。

④极重短截　在枝条基部留2～3个瘪芽短截。剪口下抽生1～3个中、短枝条,可降低枝位,缓和枝势,有利于形成果枝。极重短截须配合夏季扭梢、摘心或疏枝,才能取得良好效果。该法多用于对竞争枝的处理和培养靠近骨干枝的紧凑型枝组。

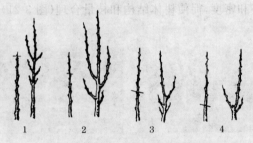

图3-22　1年生枝不同部位短截的反应
1.轻短截　2.中度短截　3.重短截　4.极重短截

(2)回缩　对2年生以上的枝进行剪截,称为回缩,又称缩剪,对局部生长有促进作用。主要用于主枝延长头和主干延长头,目的是控冠、控高。回缩可改善通风透光条件,有利果实发育和花芽形成,但对全树的生长有削弱作用,回缩越重,削弱也越大(图3-23)。

回缩在冬剪中应用较广,常用于衰弱枝组和骨干枝的更新复壮、改造较大辅养枝、清理交叉重叠枝、调整骨干树角度、控冠、解决通风透光和调整树势。更新性回缩必须缩到健壮部位,要注意选留辅养枝,以免削弱带头枝的生长。旺树回缩不宜过多过重,以防刺激萌发大量旺枝,使树势更旺。

(3)疏枝　将枝条从基部剪除,称为疏枝,也叫疏剪。疏枝可

图 3-23 回 缩

改善树冠光照条件,提高叶片光合效能,增加营养积累,有利于花芽形成和果实发育。疏枝对伤口以上的枝条有削弱作用,对伤口以下的枝条有促进作用,伤口越大作用越明显。疏枝对全树有削弱作用,削弱作用的大小决定于疏枝量和被疏枝的粗度。去强留弱,疏枝量大,削弱作用就大。去弱留强,疏枝量小,养分集中,长势相对增强。在采用傻瓜修剪法时,主要采用疏枝法(图 3-24)。

图 3-24 疏 枝

(4)缓放 对枝条不进行任何剪截,任其生长,称为缓放,也叫长放或甩放。由于缓放枝条未经修剪刺激,枝条上留芽多,养分分散,长势缓和,萌芽率高,易形成中、短枝,停止生长早,有利于营养物质积累,花芽容易形成。缓放对象主要是中庸枝,过旺枝不宜缓放,否则会引起徒长。过弱枝缓放后效果不佳,也不宜缓放。

2. 生长季修剪

(1)刻芽 萌芽前到萌芽期,对2～4年生的中心干和多年生枝主枝两侧、中心干的光秃部位及衰弱枝组的基部,于芽的上(前)方0.3～0.5厘米处用小钢锯条、小手锯顺齿拉一道,伤及木质部,长度为枝干周长的1/3～1/2,深度为枝干粗度的1/10～1/7。刻芽用于提高芽萌发率,增加枝量,可定向促发健壮发育枝,为扩冠成形和骨干枝更新奠定基础,有利于补空、成花。需抽生强枝者,宜在萌芽前7～10天进行,刻芽要遵循"早、近、深、长"的原则;抽生中小枝宜在萌芽期,应按照"迟、远、浅、短"的要求进行(图3-25)。

图3-25 刻 芽

(2)抹芽 萌芽后用手或刀将主干全部萌蘖芽、延长头顶芽以下2～4芽、主枝背上及骨干枝基部20厘米以内及剪锯口周围无空间的萌芽全部抹除。可减少枝量,节省养分,调整枝条分布,加快成形。

(3)摘心 摘除新梢顶端嫩梢部分,称为摘心。生长旺盛的新梢于15厘米处摘心,促生副梢。7月中旬对部分强旺副梢再次摘心,形成短枝,部分可成花。当果台副梢长至25厘米左右时,保留8～10片叶摘心,提高坐果,并促进幼果生长发育。摘心可削弱顶端优势,促生分枝,增加养分积累。

(4)扭梢 扭转枝梢下部,伤及皮层和木质部,改变枝向,削弱长势,改善光照,积累养分,促进成花。一般在春梢旺长期对中心干上过多新枝、主枝背生旺枝,当长至15～20厘米时,用手指从基部揉压倒向缺枝的一侧补空。6月上中旬对2～3年生长较强的营养枝从基部扭转半圈,使之呈斜生或下垂状态(图3-26)。

图3-26 扭 梢

(5)拿枝 夏季,当新梢长到50厘米以上时,对旺梢自基部到顶部用手揉捋3~4次,伤及木质部,折响而不断,称为拿枝。拿枝有缓和长势、积累养分的作用,对提高翌年萌芽率、促生中短枝效果显著。

(6)环剥、环刻 一般在5月中旬至6月下旬进行。对适龄不结果的旺树可采取主干环剥,宽度约为主干粗度1/10~1/8,要求宽度均匀,不伤及形成层。矮砧旺树和改形树仅对其强旺枝组和缓疏的大枝在基部10厘米处环刻1~2道,间隔7~10天,再前移10~20厘米环切1~2道,刀口用树叶包裹(图3-27)。

图3-27 环剥和环刻

(7)拉枝 用麻绳、铁丝、扎带将枝条人为地拉至整形要求的方位和角度,称为拉枝。1～2年生枝及未结果的多年生枝宜在9月上中旬拉枝,骨干大枝和多年生强旺枝组宜在5月中下旬春梢旺长期进行。一般采取"一推、二摇、三压、四固定"手法进行。肥水条件好、不易成花的大冠品种,拉枝角度要大,拉至100°～120°。矮砧、易成花的品种,拉枝角度宜小,拉至90°即可。红富士品种一般根据枝类需要分别拉至90°～115°。对于小主枝和结果枝组可用"E"形开角器开张角度。拉枝有利于扩大树冠,加速成形,改善通风透光条件,促使成花,充分利用空间,实现早实丰产(图3-28)。

图 3-28　拉枝开角

(8)疏梢 将当年抽生新梢剪除称为疏梢。一般于果实成熟前20～30天,将内膛萌蘖枝、徒长枝和外围遮光枝、较大枝组的两侧枝及强旺的果台副梢(去强留弱、去直留斜)进行剪除。

五、苹果园土肥水管理

(一)苹果园土壤管理技术

1. 土壤深翻

(1)土壤深翻的作用 深翻是一项改良土壤的管理制度,可以加深土壤耕作层,为根系生长创造良好的生态环境,促进根系向深层伸展,增加根系的分布深度、广度和生长量。耕翻后不耙,有利于土壤风化、冬季积雪和防止越冬害虫。

(2)土壤深翻的时期 一年四季均可进行,以秋季落叶前完成为好,有利于根系愈合和新根发生。

(3)土壤深翻技术

①扩穴深翻 从栽植坑的边缘开始,自内向外逐年进行深翻扩穴,每年扩挖的宽度0.5～1.0米、深度0.6米左右,拣出未经熟化的母岩、石块,充填青草、有机肥、表层熟土等,灌透水。3～5年内完成全园深翻。

②隔行或隔株深翻 为克服一次深翻伤根过多的问题,可隔一行翻一行。每边只深翻一次,损伤一侧根系,对树体生长发育影响较小。若为梯田单行栽植,可隔株深翻。沟宽50～60厘米,深60～80厘米。深翻结合施基肥效果更好。

2. 果园生草

(1)果园生草的作用 果园生草可增加地面覆盖层,减少温度和水分变幅,有利于表层根发育和改善果园生态条件。生草能显著增加土壤有机质,提高土壤肥力,改善土壤结构,提高土壤微生物多样性,增加对钾、磷及多种矿质元素的吸收。果园生草不但可为各类昆虫提供优良而稳定的栖息环境,大幅度增加天敌数量,而且节省除草用工。果园生草包括自然生草和人工种草两种方式(图3-29)。

(2)草种选择 所选草种应无木质化茎或仅能形成半木质化茎,须根多,茎叶匍匐、矮生、覆盖面大,耗水量小,适应性广,与苹果树无共同病虫害,有利于害虫天敌活动。自然生草可选择马唐、虮子草、虎尾草、狗尾巴草、车前草、蒲公英、荠菜、马齿苋、野苜蓿等,人工种草可选择白三叶、红三叶、紫花苜蓿、苕子、紫云英、早熟禾、高羊茅、狗牙根、黑麦草、鼠茅草、二月兰等。

图 3-29　果园生草

（3）生草技术　果园生草常采用行间生草。生草带宽度因株行距和树龄而定,幼龄果园生草带可宽些,成龄果园生草带可窄些。播种适期为春末夏初或雨季前期。温暖地区或越冬性强的草种也可秋播,秋播在 8 月中下旬进行,当年不刈割,越冬后再刈割。

（4）刈割管理　1 个生长季刈割 3～5 次,草生长快则刈割次数多,反之则少。一般草长至 30 厘米以上时进行刈割,割下的草覆盖树盘。秋季长起来的草,不再刈割,冬季留茬覆盖。刈割后的留茬高度以 20 厘米左右为宜,一般禾本科草要保住心叶以下生长点,而豆科草要保住茎的 1～2 节。

（5）配套技术　大青叶蝉是生草果园重点防治的害虫之一,可在 9 月下旬全园喷布一次杀虫剂,推荐药剂为 4.5% 高效氯氰菊酯乳油 4 000 倍液。间隔 15～20 天再补喷一次。生草果园春季地温回升较慢,根系活动延迟,吸水能力差,加之地面蒸发量大,易造成枝条抽条现象。尤其是幼龄旺树,枝条本身成熟度不够,抽条更为严重。因此,早春萌芽前,树盘内应全部覆黑色薄膜,提升地温,促进根系活动。待开花后,气温基本稳定,再撤掉黑色膜。

3. 果园绿肥

（1）果园绿肥的作用　施用绿肥能增加果园养分供应,提高土壤有机质,改善土壤理化性状,防风固沙,减少水土流失,调节果园土壤水分,炎夏降低地温,改善果园生态环境。果园绿肥的施用主要有两种方式。一是从果园外刈割各种鲜嫩杂草施入果园。二是利用果园自然生草,于雨季就地压青,或刈割后集中施用。

(2)果园绿肥的选择　应选择适应性强、矮生、速生、产草量高、营养物质含量丰富的品种。毛叶苕子、草木樨、沙打旺等耐瘠薄,可在沙地果园种植。田菁等耐盐碱,喜潮湿,可在地下水位高的果园种植。紫花苜蓿特耐旱,而且肥饲兼用,可在无灌溉条件的旱地果园种植。丘陵山地果园常用的绿肥品种有紫花苜蓿、白三叶草、毛叶苕子、黑麦草等。

(3)果园绿肥的施用　果园绿肥在花期刈割、翻压,不但绿色植株鲜体多,含有大量氮素,而且茎叶幼嫩,易翻压,刈割时期以初花期至盛花期最为适宜。果园绿肥常用压制方法有树盘施肥沟压青和挖坑集中沤制两种。所谓树下压青,就是将刈割下的绿肥植物直接压在树下施肥沟土壤中。压青时应一层绿肥一层土(即分层压青),避免绿肥堆积过厚,分解时发热量太大,烧伤根系;一般,1～3年生幼树压鲜草3～5千克,结果大树压鲜草20～25千克。同时混合施入过磷酸钙,每100千克鲜草混入过磷酸钙2～3千克。挖坑集中沤制时,将鲜草切成10～20厘米长的小段,填入坑内,肥土相间(填入鲜草时,混入适量无机磷肥,肥效更好),适当灌水,上层用土封严踏实,待充分腐熟后待用。

4. 果园覆盖

(1)果园覆盖的作用　果园覆盖主要有秸秆等有机物覆盖和地膜(地布)覆盖。秸秆覆盖针对土壤贫瘠、肥力低、易受天气和温度影响的果园,具有培肥、保水、稳温、灭草、免耕、省工、防止土壤流失等多种效应,能改善土壤生态环境和养根壮树,是干旱、半干旱地区苹果园提质增产的有效措施(图3-30)。

地膜(地布)覆盖可减少水分蒸发,提高根际土壤含水量;有利于提高早春土壤温度,促进根系生理活性和微生物活动,加速有机质分解;减少越冬害虫出土危害,促进果实成熟,抑制杂草生长。

但覆膜(布)后,施肥、灌溉或利用雨水较为困难,最好与膜下滴灌结合。另外,覆膜(布)部位温度较高,对根系不利,有时会灼伤树干。

图 3-30 果园覆盖

(2)果园覆盖技术

①秸秆有机覆盖技术 1年覆盖2次,晚秋和早春各1次。晚秋覆盖在果树秋施基肥、灌封冻水后进行。早春覆盖在土壤化冻后进行,切勿在春季土壤温度上升期覆盖。覆盖物可用作物秸秆、青草、干草等。小麦、豆类等低秆作物的秸秆可直接覆盖,玉米等高秆作物的秸秆最好短截成20厘米长的小段。秸秆不宜粉碎后覆盖,否则会导致通气性差、秸秆腐化受影响。覆盖方法是,距树干30厘米以内不覆盖,以防病虫鼠危害及冬季根颈受冻;留足种草行间(宽度1~1.5米);秸秆覆盖量为1 000千克/667米²、厚度10~20厘米;首次覆盖可加大覆盖量,以后每年秸秆用量600~800千克/667米²、厚度15~25厘米;覆盖后撒施氮肥,用量5千克/667米²,或施用催腐剂,加速秸秆降解;为防风、防火,覆盖后应压土。覆盖3~4年后可将秸秆翻入地下,然后进行新一轮覆盖。

②地膜(地布)覆盖 果园覆盖主要采用黑色地膜(地布),一般在早春土壤解冻后覆盖,干旱、风大的地区2~4月份进行。成龄果园可顺行覆盖或在树盘下覆盖,一般主要覆盖在树盘中,宽度

在 1 米左右,左右各 0.5 米左右。覆盖前要浇水、平整地面。对于干旱少雨地区适于低畦或低树盘的栽植方法,以树干为中心修大小与树冠投影一致,四周稍高的树盘,树盘内覆盖地膜(地布),膜(布)面要拉平,膜边角用土压住,防止水分蒸发。大树离树干30厘米处不覆盖,以利通气。

5. 果园间作

(1)果园间作的作用　幼龄果园合理间作是果园早成形、早结果、早丰产的前提,也是果园立体栽培的一种模式。合理间作不仅可以提高土地利用率,还可以弥补幼龄果园前期的经济效益,达到以经促果的目标。

(2)间作物的选择　间作物应选择低秆、矮冠、生长期短、与果树生长高峰期错开、与果树没有相同病虫害、经济价值高的瓜类、菜类、豆类和薯类作物。严禁种植小麦、玉米、油菜、胡麻等高秆作物,与果树争肥争水的粮食作物和生长期相同的油料作物。瓜类作物应选西瓜、甜瓜、南瓜等。菜类作物应选辣椒、茄子、包菜等。豆类作物应选大豆、芸豆等。薯类作物应选马铃薯、甘薯等。在菜类中严禁选种红萝卜,红萝卜与果树有相同的大青叶蝉危害,会严重影响果树的越冬(图 3-31)。

图 3-31　果园间作

(3)间作方法　间作应在留足果树营养带的前提下进行,仅1~3 年生果树可进行间作。间作时,1 年生树留营养带 1.5 米,2

年生树留营养带 2 米,3 年生树留营养带 2.5 米,营养带内不种任何作物。

(4)注意事项 间作物仅在行间空地或缺株的隙地种植,并与果树保持一定距离。果树定植的第一年,间作物应至少距离果树50 厘米,随着树体逐年增大,间作物应在树冠投影以外,树冠基本交接时不再间作。无灌溉条件的果园,间作面积应小,并选择不在干旱季节生长的间作物。果树株间与树盘范围内,应保持清耕,或除草免耕。加强栽培管理,防止或减少间作物与果树争夺肥水。

(二)肥料施用技术

1. 苹果树需肥规律

(1)器官建造期 此时期从萌芽开始至春梢封顶期结束,包括萌芽、展叶、开花至新梢迅速生长前,主要依靠前 1 年的贮藏营养。贮藏营养的多少,不但关系到早春萌芽、展叶、开花、授粉坐果和新梢生长,而且影响后期果树生长发育和同化产物的合成积累。贮藏营养水平高的果树叶片大而厚,开花早而整齐,对不良环境有较强抵抗力,表现叶大、枝壮、坐果率高、生长迅速。此期如开花过多,会抑制新梢和根系生长,无法保证当年果实大小和花芽形成。

(2)养分临界或转换期 盛花期后,由于新梢生长、幼果发育、花芽生理分化等,对养分需求量加大,根系、枝干贮藏营养因春季生长而消耗渐尽。此时激烈的养分竞争,常使苹果出现新梢第9~13 片叶由大变小,落果加重,花芽分化不良。如前 1 年贮藏营养充足,当年开花适量,则有利于此期营养的转换,使树体营养器官制造的光合产物及时补充供给生产。

(3)同化营养期 指生理落果期至果实成熟采收前。此期叶片已形成,部分中短枝封顶、进入花芽分化期,果实也开始迅速膨大;营养器官同化功能最强,光合产物上下输导,合成和贮藏同时发生,树体消耗以当年制造的有机营养为主。

（4）有机营养贮藏期 从果实采收至落叶。此时果树已完成周期生长，所有器官体积上不再增大，只有根系还有一次生长高峰，但贮藏的养分大于消耗的营养。叶片中的同化产物除少部分供果实外，绝大部分从落叶前1～1.5个月开始陆续向枝干的韧皮部、髓部和根部回流贮藏，直到落叶后结束。生长期结果过多或病虫害造成早期落叶均会造成营养消耗多、积累少，树体贮藏养分不足。充分提高树体贮藏营养对果树越冬及翌年春季萌芽、开花、展叶、抽梢、坐果等过程的顺利完成有显著的影响。

（5）有机营养相对沉渍期 约从落叶后至翌年萌芽前。果树落叶后少量营养物质仍按小枝→大枝→主干→根系这个方向回流，并在根系中积累贮存。翌年春发芽前养分随树液开始从地下部向地上部流动，其顺序与回流正好相反。

2. 苹果树营养诊断 营养诊断是评价、预测肥效和指导施肥的一种综合技术，包括形态诊断、土壤营养诊断、叶片分析、盆栽试验和田间试验。在进行营养诊断时往往将这些方法结合起来，通过分析植株的缺素症状、土壤和叶片内矿质元素的含量及比例关系，对果树潜在的营养缺乏、适量和过量进行诊断，进而指导施肥、灌溉和其他管理措施，使果园管理科学化。

（1）树相诊断 树体外观形态能够反映树的营养水平。一般叶大而多、浓绿肥厚、枝条粗壮、节间中长，新梢年生长量在30厘米以上；枝干皮层暗绿棕色，结果中大，果个均匀，品质较好，病虫害轻，连年丰产者，属于营养正常型。日本根据叶色等级和叶片含氮量进行营养诊断，将富士苹果树叶由黄绿色到浓绿色分成8级，做成叶卡，以备田间应用：叶色处于5～6级者，为理想级别；4级以下者应立即补肥并减少留果量；7～8级者，应减少施肥量，并结合夏剪，去除或拉垂长旺枝。

（2）土壤诊断 只宜作施肥的参考。在苹果园中，用五点取样法挖取5个取样点土样，采样深度分为0～20厘米和40～60厘米,同层土样可混合成一个样。经过晾干、磨细、过筛等处理,再测定土壤质地、有机质含量、酸碱度、矿质元素含量等数据,对照标准参数,便可判断出某种元素的盈亏程度,制定出该园的施肥方案。

(3)叶分析 叶分析法指导施肥具有科学实用、准确可靠的特点。具体做法是,花后8~10周(即7~8月份),用对角线法,选取至少25株树,从树冠外围中部(东、西、南、北、中)各取新梢中部健康叶片1~2片,制成混合样,测定矿质营养含量,对照标准值,再综合考虑元素间增效和拮抗作用、肥水状况等,提出施肥建议。

3. 施肥技术

(1)基肥 秋季果实采收后至落叶前施入。以农家肥为主,混加少量铵态氮肥、尿素、磷肥等化肥。幼龄树施优质农家肥1 500~2 000千克/667米²。结果树每生产1千克苹果施优质农家肥1.5~2.0千克。施用方法为,在树冠下距树干80~100厘米至树冠外缘挖放射状沟或在树冠外围挖环状沟,沟深40~60厘米,施肥后灌足水。

(2)追肥 分为土壤追肥和叶面喷肥。

①土壤追肥 一般每年3次。第一次在萌芽后至开花前(3~4月份),以氮肥为主。第二次在花芽分化至果实膨大期(6月上中旬),以磷、钾为主,氮、磷、钾肥混合使用。第三次在果实生长后期(7月下旬至8月上旬),以钾肥为主。施肥量根据土壤供肥能力和产量目标确定。施肥比例,通常,幼龄树为氮:磷:钾=1:1:1,每年施纯氮5~10千克/667米²;结果树为氮:磷:钾=1:0.8:1,每生产100千克苹果追施纯氮1.0千克。施肥方法为,在树冠下开沟,沟深15~20厘米,追肥后及时灌水。最后1次追肥距果实采收时间不少于30天。

②叶面喷肥 全年4~5次,一般生长前期2次,以氮肥为主;后期2~3次,以磷、钾肥为主。最后一次叶面喷肥距果实采收时间不少于20天。萌芽期,可喷施1%尿素和1%硫酸锌,增加萌芽

与坐果,同时防治小叶病。开花期喷施 0.3% 硼砂,增加坐果,并防治缺硼及果实木栓斑点病。落花后至果实套袋前,喷施 0.2% 氨基酸复合肥、0.3% 硫酸亚铁、0.3% 氯化钙、高效钙、0.3% 硼砂,增加坐果,提高品质,防失绿症、缺钙症、果实苦痘病及缩果病。采前约 1 个月,喷施 0.3%~0.5% 磷酸二氢钾、0.3% 氯化钙、高效钙,促进着色,防止缺钙症、苦痘病。

(三)水分调控技术

1. 苹果树对水分的需求

(1)萌芽开花期 叶幕尚小,温度不高,总蒸发量和耗水量不多,需水量较少。过多灌溉,会降低地温,影响苹果树前期生长。

(2)新梢迅速生长期 随着温度逐渐升高,白天叶片光合时间拉长,叶量和叶面积成倍增长,需水量达最大值,为需水临界期。花后 40 天内,如果缺水,果肉细胞快速分裂受阻,细胞量少,后期果个难增大,果形易扁。

(3)花芽分化期 需要较高的细胞液浓度和营养充分供应,土壤应保持相对干旱,即使特别干旱,也应灌中水或小水。灌大水会影响成花。

(4)果实膨大期 叶幕厚,气温高,果实膨大快,耗水多,是第二个需水临界期。若遇伏旱,应充分灌水,促进果个增大。水分缺乏条件下多数果偏扁。

(5)果实采前 气温渐降,叶、果耗水渐少,土壤湿度以最大持水量的 60%~70% 为宜。水分过多会影响叶片光合作用,果实含糖下降,着色不良,底色发绿,甚至发生裂果。成熟前 20~30 天,水分太少,果实着色不好,果皮皱缩。

(6)休眠期 叶片落光,果树生命活动停止,气温低,枝干失水很少,根系基本停止吸收水分。入冬前灌 1 次冻水,可满足冬季至萌芽前对水分的需要。

2. 灌水时期与指标 果园灌溉时间应根据天气、土壤含水量、树体反应、苹果生长发育阶段等灵活掌握。苹果园最适土壤湿度为田间最大持水量的 60%~80%，低于 60% 时需灌水，高于 80% 应停止灌溉，并进行排水。不能在果树显现缺水状态(果实皱缩、叶片卷曲等)后才灌水，而应在果树未受到水分胁迫之前进行。灌水以傍晚时分为宜。灌水量以完全湿润果树根系主要分布层为原则。

表 3-5　主要灌水时期和灌溉定额

地 区	一般年份				偏旱年份			
	灌水次数	一次灌水定额	全年灌溉定额	灌水时间	灌水次数	一次灌水定额	全年灌溉定额	灌水时间
年降水量 500 毫米 左右地区	4	20~30	80~120	花前期 坐果期 果实膨大期 越冬前	5	20~30	100~150	花前期 坐果期 果实膨大期 (2次) 越冬前
年降水量 600 毫米 左右地区	3	20~30	60~90	花前期 坐果期 果实膨大期	4	20~30	80~120	花前期 坐果期 果实膨大期 越冬前

注:灌溉定额单位为毫米。

3. 主要灌溉方法

(1)沟灌　在行间距主干 40~50 厘米至树冠外围开一条深 20 厘米左右的灌水沟,灌溉水由输水沟或毛渠进入灌水沟后,在流动过程中,从沟底和沟壁向周围渗透而湿润土壤。沟灌比大水漫灌可节水 50% 以上,可避免大水漫灌造成的土壤板结。

(2)滴灌　滴灌是一种节水灌水方式,通过低压管道系统与安装在毛管上的灌水器,将水一滴一滴均匀而又缓慢地滴入根区土壤。滴灌不破坏土壤结构,土壤内部水、肥、气和热保持适于苹果生长的良好状况,水分蒸发损失小,不产生地面径流,几乎没有深层渗漏。滴灌的主要特点是灌水量小,灌水延续时间长,灌水周期短,能做到小水勤灌;所需水压低,灌水量控制准确,可减少无效的株间蒸发,不会造成水资源浪费;可实现自动化管理。滴灌的主要缺点是易堵塞,可能限制根系发展和引起盐分积累。

(3)喷灌 喷灌也是一种节水灌溉方式,利用机械和动力设备,使水通过喷头(喷嘴)喷射至空中,以雨滴状态降落到地面和树体表面。喷灌具有节省水量、不破坏土壤结构、调节地面气候、不受地形限

图 3-32 果园喷灌

制等优点。主要缺点是投资大,受风速和气候影响大,风速大于5.5米/秒时,会吹散雨滴、降低灌溉均匀性;气候十分干燥时,蒸发损失增大,也会降低灌溉效果(图 3-32)。

(4)穴贮肥水 穴贮肥水适用于土层较薄、水源缺乏的丘陵山地苹果园。在树冠边缘投影内 50 厘米处,挖深至根系集中分布层的贮养穴,穴径 20～30 厘米、深 40～50 厘米。初果期苹果树每株4 个贮养穴。盛果期苹果树每株 6～8 个。用玉米秸、麦秸、杂草、枝柴等绑成直径 15～20 厘米、长 40 厘米左右的草把,放在清水或5%～8%尿素溶液中浸透,插放入贮养穴中,周围施入过磷酸钙和尿素,每穴各 100～120 克。回填穴土,边填土、边捣实,覆土厚度超过草把顶部 1 厘米左右,灌水,水渗下后再覆土厚 1 厘米,使穴面低于地面 1～2 厘米。树盘覆盖塑料薄膜,并盖住贮养穴。分别

在花后(5月上中旬)、新梢停长期(6月中旬)以及采果前(9月下旬至10月下旬),每穴施入50～100克三元复合肥或尿素。

(5)小管出流 小管出流灌水系统由控制设备、干管、支管、毛管及渗水沟组成。干、支管均埋于冻土层下。毛管为灌水器,采用直径4毫米塑料管。成形期果园渗水沟采用环状沟,丰产期果园渗水沟采取顺行直沟。沟横断面呈梯形,沟底宽10～15厘米、深12～15厘米,株间用土埂隔开,沟的位置视根系分布而定。灌水器在渗水沟内露出10～15厘米。年灌水4次左右,年灌水量80～120米³/667米²。

(6)交替灌溉 成形期果园,顺行在株间和树冠投影外沿分别打垄,以株间为界将每一行树分成2个灌溉区。丰产期果园,树冠投影外沿和距主干50厘米处分别顺行打垄,两垄间作为施肥灌水区,树冠两侧各1个灌溉区,树冠下覆草。每行的2个灌溉区,萌芽前同灌、落花后灌同侧的1个灌溉区、落花后40～70天不灌溉、果实迅速膨大期根据降水情况和土壤墒情交替灌溉2个灌溉区1～2次、果实采收前1个月不灌溉、果实采收后2个灌溉区同灌。年灌水量100～125米³/667米²。

4. 苹果园排水

(1)排水时间 不同类型土壤的田间最大持水量有差异,细沙土为28.8%,沙壤土为36.7%,壤土为52.3%,黏壤土为60.2%,黏土为71.2%。下述情况应注意及时排水:果园土壤含水量达到田间最大持水量时;多雨季节或一次性降雨量过大,造成积水成涝时;滩地或低洼果园,雨季地下水位升高达到根系分布层50厘米左右时;土层不良时,如土壤黏重渗水性差、根下有不透水层。

(2)排水方法

①平地果园 建设完善的排水系统,包括排水沟、排水支渠和排水干渠,深度和宽度因当地雨量而定。一般小区内2～3行树挖一排水沟,小区边上挖排水支渠,排水支渠与排水干渠相连,比降

一般为 0.1%～0.3%。

②山地果园 在梯田内沿,挖竹节沟排水。沟内每5～6米修一个长约1米的拦水竹节,起缓冲水流作用。在梯田面一端近竹节沟出口处,挖一沉淤坑,沉淤坑外侧用砖石、水泥砌一个水簸箕,以保护梯田壁堰。

六、花果管理

(一)辅助授粉技术

1. 人工授粉 在果园缺乏授粉树,花期天气条件又不好时,采用人工辅助授粉(点授、机械喷粉、液体授粉)可提高花朵坐果率15%～50%,确保当年产量。

(1)收集花粉 一种是利用电动采粉授粉器直接对准授粉树的花吸入花粉到采集器中。另一种是人工采花,取下花药,在20℃～25℃条件下阴干,1～2天后花药开裂,去除杂质,取出花粉,收于玻璃瓶中备用(图3-33)。

(2)机械授粉法 将花粉与滑石粉按1:5的比例混匀,装入电动授粉器的花粉瓶中,随电动旋杆转动,均匀喷出花粉,喷头距花朵20厘米左右为好,其工作效率为人工点授的40倍以上。

(3)人工点授法 按花粉与滑石粉(或干淀粉)1:2～1:5的比例混匀备用。可用纸棒、小毛笔、橡皮头或气门芯蘸取配好的花粉(装在小瓶内)点授到刚开放的柱头上。每蘸一次可点5～7朵花。点授以中心花为主,还可点1～2朵边花。

(4)液体授粉法 适用于大面积果园。首先配制花粉液,将蔗糖250克、水5升、尿素15克拌匀,配成5%的糖尿液,再加干花粉10～12.5克,调匀,用2～3层纱布滤去杂质,喷前加硼酸5克和展着剂5毫升,搅匀后即可喷布。喷布最佳时期是全园有一半

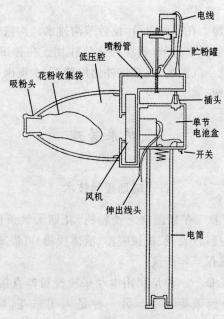

图 3-33 电动采粉授粉器

以上的树每株有 60％ 的花开放时,一株大树需喷花粉液 100～150 克。

2. 放蜂授粉 放蜂授粉一是节省劳力,授粉部位全面周到;二是增大果个,由于授粉充分,种子数增多 2～3 粒,单果重增加 10～30 克及以上,红富士端正果率提高 23.6％;三是增加坐果和产量,如在山东威海和陕西礼泉,红富士苹果生理落果减少 32.9％,产量增加 10％～100％;四是减轻霜害,放蜂区平均减轻受冻率 40％,离蜂箱越近,坐果率越高;五是提高经济效益。释放壁蜂,每 667 米² 可增收 160～300 元,几乎占果园纯收入的 1/10～2/10,其投产比为 5：1～7：1。释放蜜蜂,1 箱蜜蜂可为 0.5 公顷果园授粉。

(1)释放蜜蜂 苹果花期,每 4×667 米^2~6×667 米^2 果园放一群蜂,蜂群间距 350~400 米,每群约有 8 000 只蜜蜂,每天约有 1/3 的工蜂外出访花采蜜,其中,采花粉蜂约占 1/3,即 1 000 只左右。每只蜂在每朵花上采粉停留时间约 5 秒钟,即每只蜂每小时可访花 700 朵左右,每群蜂每小时可访花 70 万朵。一般每公顷栽苹果树 750 株左右,每株有花序 1 000~1 500 个,共有花序 5 万~7.5 万个,每花序平均有 5 朵花,每公顷有 25 万~37.5 万朵花,每天,每株树上只要有 5~10 头蜂便可将盛开的花采粉一遍。利用蜜蜂传粉,果园内要栽有配置合理的授粉树,并且在花期要禁用杀虫剂。有的果园授粉树不足,也可将配制好的花粉放在蜂箱口处,让蜜蜂携带走。大致 1 箱蜂可为 0.5 公顷的果园授粉,其授粉半径以 40~80 米为最好。

(2)壁蜂授粉 壁蜂是独栖的野生花蜂,其中有角额壁蜂、凹唇壁蜂、紫壁蜂和圆蓝壁蜂等。近年,我国从国外引进壁蜂为果树授粉,效果较好(图 3-34)。与蜜蜂相比,其访花速度快,每分钟访花 7~16 朵,其授粉能力是意大利蜂的 80 倍;出巢访花时间长,蜜蜂在 17℃时出巢,个别强蜂开始访花,20℃~25℃访花活跃,30℃时最活跃,气温<17℃或>35℃时活动能力下降。而角额壁蜂在白天气温达 14℃~15℃时开始出巢访花,凹唇壁蜂在 12℃~13℃时便出巢访花,从 9:30~18:30 连续工作 9 小时。壁蜂有效活

图 3-34 壁蜂授粉

动范围为 40～50 米,每 667 米^2 放蜂 60～100 头,若在棚室内可放 500～1 000 头。在花前 5～7 天放出蜂茧。为提高放蜂回收率的管理技术是:

①壁蜂巢管制作　巢管可用报纸、书刊或苇子切段,长度一般 10～20 厘米不等,粗度(内径)4～6.5 毫米不等。每 20 根扎一捆,巢管底口用厚的牛皮纸封住。巢管开口端应参差不齐,以利壁蜂认巢。巢管数量应是壁蜂的 2～3 倍。

②蜂茧存放、预冷　将收回的巢管成捆放在麻丝网袋内,挂在无烟的空房中。开花前 2 个月破巢管取茧,挑出寄生蜂后,将蜂茧装入无味的广口瓶中,瓶口扎细网布,置冰箱内,冷藏,将温控器调至 2～3 挡之间。千万注意,不是冷冻!

③放蜂时间　个别苹果花开放时,放第一批蜂以后,隔 1 天放一批蜂,连放 3 批。每 667 米^2 放蜂 100 头以上,不必人工授粉。在壁蜂工作期间,经常在蜂箱旁人工捕捉寄生蜂。

④蜂箱制作与摆放　用纸箱或发泡预制箱均可。形似长方形,一面开口,大小不限,深度 30 厘米以上,上盖要探出 20 厘米,符合壁蜂隐蔽处做茧习性。纸箱要外包塑料膜,以防风雨。每 30～40 米远放 1 个蜂箱,平放或起架放均可。要求蜂箱前空间大,并提前种些油菜、萝卜、白菜头等,以便弥补苹果开花前的花源不足,吸引壁蜂不远飞觅花。蜂箱不宜搬动,待落花后一起收回。

⑤泥坑制作、管理　在离蜂箱近的地方挖坑,长、宽各 25 厘米,下为黏土最好。若是沙土,应在坑内装半筐稀泥。挖坑前,把堰下渠灌上水,挖好后,加上两桶水,待水渗入后,用细棍在坑底四周向坑帮横划缝做洞。沙土坑装稀泥后,特意垒成缝或洞,以吸引壁蜂进洞采湿泥。壁蜂喜半干半湿的细土,若坑太干,傍晚可加水润湿。

(二)疏花疏果技术

1. 确定适宜的果实负载量　在一定的生态和管理条件下,一定的树体大小、枝条数量、营养水平,只能有一定的结果负载能力。一般来说,在中纬度地区,苹果树叶片光能利用率只有 0.122%,其适宜的理论产量是每 667 米² 产量 1 666.7 千克,生产上最多是 3 000 千克。超过或低于树体适宜负载量都会产生不良后果,如树势返旺,树势不平衡,或大小年现象严重,病虫害猖獗,树势衰弱,经济寿命短。当前,生产目标是优质、高效,提倡"定量生产,单果管理,确保全优,稳产多收"。在当前果品市场竞争十分激烈的形势下,苹果树限产增质更为重要。确定合理负载要根据下述情况而定:

(1)果树年龄时期　幼龄树至初果期,要以长树、整形为主,兼顾结果,负载量宜严格控制,以培养好骨架,防止出现"小老树";盛果期要适量结果,按一般标准留果,力争稳产、优质。

(2)树势强弱　树健壮,负载量宜大,以果压冠,缓和生长;反之,树势弱,要少留花、果,以恢复树势。

(3)品种特性　坐果率低的品种应适当多留花、果,留出一定的保险系数;反之,应适当减少花、果留量。

(4)栽培管理水平　土肥水条件好的,负载量相对加大;反之,应减轻负载。

(5)树冠大小　树冠大,枝量多,负载量宜大;反之,宜小些。

(6)灾害天气多少　灾害天气频繁,应多留花、果;反之,宜少留。

具体到一株树到底应留多少个果子呢? 这里提供一个干周法,可参考应用。干周法留果就是以苹果主干中部的周长来确定负载量的方法,计算简单易行。公式为:

$$y=0.2×x^2$$

式中:y 为单株留果数,x 为干周(单位为厘米)。

在树上,选好果留够应留果数,余者皆疏除。然后,根据树势、地力加以调节,如树势强、地力好的,可增加 5% 留量。如果是 180 个果增加 5%,为 9 个果,总留果量为 189 个。若树势弱,土壤肥力差,应减 9 个,为 171 个果。这样,可能更接近适宜负载量。

2. 人工疏花疏果

(1)距离法 在确定总负载量的情况下,应均匀、合理地将这些果实分摊于全树各结果部位,可操作性强、比较适用的方法就是距离法,即每隔一定距离疏花、留果。红富士间隔 25 厘米左右,新红星间隔 20 厘米留 1 个果,而且要注意留单果、大果、下垂果、健康果、端正果和均匀果。

(2)以花定果法 以花定果法是在间距疏果法基础上的进一步发展,把疏果工作提前到疏花序、疏花蕾。具体做法是:在花序分离期,依树势和品种特性,按 20~25 厘米间距留 1 个花序,其余花序疏除。对留下来的花序,在花期天气好、坐果可靠的情况下,只留中心花,其余边花全疏去;在花期天气条件不良、坐果没把握的情况下,除留中心花外,还留下 1~2 个好的边花。以花定果的时间应在花序分离期至开花前。

采用以花定果技术要有几个前提条件:果园有配置合理的授粉树,并对保留的花全部实行人工授粉或壁蜂授粉;树势健壮,花芽饱满;冬剪细致,留枝量要合理。为了优质,每 667 米^2 应留枝量以 6 万~8 万条为宜。

以花定果的技术效果:优质果率高达 85% 以上;稳定产量,树体健壮,抗病力强。在疏蕾、疏花时,枝叶尚少,视线清楚,进度快,不易遗漏,相对疏果而言,比较省工。

(3)留有余地法 在历年坐果不太可靠地区,疏花要留出 20%~30% 的余地,如全树先保留花丛,每丛留下中心花和 1~2 朵边花,待花后 20 天以后,再选好果留下,可以是每个果丛留单果,或隔一定距离留单果,全树留果量应多留 10％左右,以防不测。

(4)留果技术

第一,花、果疏除程序。应先疏大树的花、果,后疏小树的花、果;先疏弱树的花、果,后疏强树的花、果;先疏花、果多的树,后疏花、果少的树。先疏骨干枝上的花、果,后疏辅养枝上的花、果。在同一株树上,先上后下,先外后内,先疏顶花芽的花、果,后疏腋花芽的花、果。为避免漏疏,应按自然枝序顺序疏除,循序渐进,准确无误,均匀周到。

第二,因品种而异。先疏开花早、坐果率低的品种,后疏开花晚、坐果率高的品种。

第三,因树势、枝势和枝条状况而异。树势、枝势强者多留花、果,反之,少留花、果;一般品种短果枝多留花、果,中、长枝少留花、果。红富士品种应多留中、长枝和有一定枝轴长度的短果枝的果,以利果形高桩和端正。

第四,仔细定果。去除病虫果、密生果、朝天果、小果、偏斜果和畸形果等,使留在树上的果实都能长成理想外观。

第五,幼果果形判断。尽可能选果肩平整的果,这种果既能长成大果,果形又能端正;而果肩不平整,带肉质柄、畸形的幼果,长到成熟时,必然长成小果、偏斜果和畸形果。

(三)果实套袋技术

1. 果实套袋的作用

(1)提高果面光洁度 套袋果果点少而浅,果锈轻,裂果少,商品性好。如套袋红富士果,梗锈超果肩者仅占 2.1％,对照则为 41.3％;果点破裂率,套袋果为 0％,对照则为 40.5％。

(2)降低病虫果率 套袋苹果的病虫果率比对照降低 98.7％,套袋果可避免桃小、梨小食心虫等蛀果害虫和苹果小卷叶虫等啃食类害虫危害。套袋苹果的轮纹烂果病率多在 0.5％～2.5％,而未套袋果则为 20％～50％。可见,套袋明显提高了好果率。

(3)减少农药残留和污染 套袋后,不但有效避免了果面与农药的接触机会,而且还能减少打药次数(2～4 次)和用药量,因而,果实农药残留明显减少。例如套袋红富士苹果果面上水胺硫磷残留量仅为不套袋的 18.2％;金冠套袋果内甲基对硫磷含量比不套袋果降低 39.9％～78.9％。

(4)减轻雹灾损伤 套袋后,果实得到了保护,如果遇到轻微雹灾可减轻损伤。2005 年北京丰台区王佐镇南岗洼王新红富士园套完小林纸袋后,遭 20 分钟轻微冰雹袭击,减轻损失 40％左右。

果实套袋虽然有上述优点,但也不可否认,套袋也出现一些值得注意的问题。与无袋栽培相比,如品质下降,风味偏淡,果袋质量差而使日灼果率增加,因缺钙、缺硼等而导致的痘斑病、苦痘病、水心病、缩果病等生理病害增多。黑点病、红点病和喜阴害虫(康氏粉蚧的虫果率可达 6％～9％)等也发生较多,使果实受害,造成一定的损失。套袋技术不过关,以及在高温期套袋等,也都会伤害一部分果实。

2. 套袋时期 套塑膜袋应在落花后 15～20 天套完。套纸袋应在落花后 35～50 天结束。早套袋有利于果面光洁,褪绿好,但果个受影响。果袋套得过晚,虽然果个不受多大影响,但果面光洁度和褪绿较差,对果实商品价值造成不利的影响。

3. 套袋成功的诀窍

(1)套袋树和套袋果的选择 在生产上,不是什么树和任何果都可以套袋的,要求选择树势健壮,树体通风透光,枝类比适宜的树进行果实套袋;选择果枝粗壮、单轴下垂、果量适宜、分布均匀、个大端正、无病虫害的果进行套袋。每 667 米² 套袋 10 000 个左右,剩余幼果全部疏除,即实行全套袋栽培。

(2)套袋前喷药补肥 落花后至套袋前打 2~3 遍杀虫杀菌剂,其中套袋前喷 1 遍多抗霉素,对防治果实黑点病和叶片斑点落叶病非常有效。结合喷药,追施高效钙、氨基酸钙和硼酸等,还可喷 2 次氨基酸复合微肥等,药液干后,即可套袋。

(3)增施肥水 套袋栽培要求增施磷、钾肥,氮、磷、钾肥比例以 5∶4∶6 较好,每生产 100 千克果需纯氮 1 千克、有效磷 0.8 千克、有效钾 1.2 千克。套袋前后进行地面灌溉有助于减少日烧(灼)病的发生。

(4)选好套袋时间 花后 35 天,该套纸袋时,正赶上 35℃高温天气,可推迟 5~10 天再套袋也不迟。在雹灾频发区,套袋时间应提前。

4. 果袋选择

(1)根据市场需求和果农经济基础 当前,提倡全园、全树全套袋栽培。生产高档果必须套优质双层纸袋。中档果套中档双层纸袋。一般果套单、双层低档纸袋或塑膜袋。果农经济条件好的,应多套优质果袋。

(2)因果定袋 红富士苹果应套外黄白内黑的双层纸袋或外层袋外灰内黑、内层袋为红色的双层纸袋。红王将和富士着色系品种可用单层袋或双层袋。早生富士也可套膜袋。

(3)因生态条件定袋 西北黄土高原果区,红富士苹果套单层或双层纸袋,甚至套优质膜袋,着色很好。在渤海湾果区,因秋雨多、温差小,着色差,必须套双层优质果袋。在黄河故道果区,高温多雨,需选用透水透气性好的纸袋或膜袋。

5. 套袋方法 套纸袋前,先用水将纸袋口浸湿,以利扎口。套袋时,将纸袋鼓起,套在果的上方,使果居袋中央,扎紧袋口。套膜袋时,先吹开袋子,鼓开排水孔,将幼果套在膜袋中央,扎紧袋口(图 3-35)。

图 3-35 果实套袋

6. 摘袋时间与方法 膜袋不存在采前摘除的问题。纸袋一般采前 20～30 天摘外袋,再隔 4～7 个晴天摘除内袋。有的双层果袋两层粘在一起,要求一次性摘除。除袋遇干旱天气时,先适量灌水一次,再除袋以防日灼。在秋季少雨地区,摘袋后到 10 月中下旬采收前几乎不下雨,天气较干燥,可不喷药。多雨地区,还需喷一次杀菌剂保护果面。

(四)果实增色技术

1. 摘叶 红富士等果实需直射光才能着色,因此,在摘袋前 7天,先剪除果台枝附近 5～8 厘米范围内的遮光叶,10 天后,剪除内膛直立枝、徒长枝和密生枝,同时,疏剪外围新梢,以改进果面受光状况。摘叶时,要留下叶柄,摘叶量应控制在全树总叶量的14％～30％范围内。摘叶可提高果实着色面积15％左右。

2. 转果 转果可使果面消除阴面,达到全面着色。摘叶后5～6天,晴天在下午2～3时后进行转果较好,阴天可全天进行转果。转果时,用手轻托果实,轻轻转果,将阴面转到阳面,贴靠于树枝上。若是自由悬垂果不好固定时也可用透明胶条加以固定。转果可使果实着色指数增加20％左右。

3. 铺反光膜 铺反光膜对改善树冠地面反射光有重要作用,特别是对树冠离地2米以下果实萼洼及其周围着色效果十分明显。摘袋后,在树盘内外均应铺严,每667米^{2}需铺300～400米^2,四周用石块、砖头压住,以防风吹。铺膜时,不要拉得过紧,以防撕裂。铺好后,经常打扫膜面灰尘,捡走枯枝落叶。此项技术要求树冠稀疏、透光性好,适于进行摘叶、转果的果园配套应用,效果显著。在山区,苹果着色率提高45％～65％,同时,叶绿素含量提高60％以上,果实含糖量和花青苷分别比对照提高1.6％和2倍多,下垂果萼洼着色率可达98％左右,全红果率达85％,对照果相应为1％和0％。总的来看,反光膜增色效果,坡地好于平地,南北行好于东西行(图3-36)。

图3-36 铺反光膜

第四章　苹果病虫害安全防控

一、苹果病虫害绿色防控技术

(一)生态调控技术

　　生态调控就是根据果树、有害生物、生态环境三者之间的关系,运用优良品种、耕作技术、栽培技术、合理区划、巧妙施肥等田间管理措施,有目的地改变生态系中某些条件,使之不利于病害流行和害虫发生与扩展,而有利于果树生长发育和增强对有害生物的抵抗力。生态调控具有方法灵活多样、经济简便、可操作性强、紧密结合栽培管理等特点,不需要特殊的器材和设备,而且不存在环境污染问题,在苹果绿色防控技术中优先采用的防治方法。

　　1. 优先选用抗病虫品种　根据本地病虫害发展情况,优先选用本地适宜的抗病虫品种。美国育成的 Prima 和 Pricilla 苹果抗黑星病,苹果 MM 系砧木抗苹果绵蚜,金冠、新乔纳金、津轻、王林和新红星抗苹果轮纹病,红玉、祝光很少发生斑点落叶病。而富士苹果易感染轮纹病,元帅系品种易得斑点落叶病,金冠易受桃小食心虫危害。

　　2. 合理规划与栽植　栽植健康苗木,不购买和栽植有根部病害和病毒病的苗木和繁殖材料。根据果园具体条件进行规划。老果园栽树前应对土壤进行处理,并避免栽在原来的老树坑上。不与梨、桃等果树混栽,否则梨小食心虫、桃蛀螟等发生较重。定植密度应兼顾产量、通风透光、便于管理等因素。果园可间作绿肥及矮秆作物,提高土壤肥力和物种多样性,加强天敌控制效果。

3. 加强栽培管理

(1)加强肥水管理,提高寄主耐害能力 肥水管理与病虫害发生关系密切。苹果全爪螨和二斑叶螨繁殖能力随叶片氮素含量增加而增长。苹果树皮钾含量与抗腐烂病能力呈正相关。因此,应增施有机肥、少施氮肥、叶面喷施微肥,提高树体的营养水平和对腐烂病、轮纹病、白粉病、斑点落叶病等的抵抗力,抑制刺吸性害虫的发生和危害。氮肥施用偏多会有利于叶螨和蚜虫发生,也会使白粉病和轮纹病危害加重。湿度是病害发生的主要条件。果园忌大水漫灌,尽量采用滴灌和穴灌技术,以免果园湿度过大,诱发叶部和根部病害。

(2)合理整形修剪,改善通风透光条件 夏剪时应注意改善树体通风透光条件,减少轮纹烂果病、斑点落叶病等的蔓延发生。在苹果枝条上越冬的病害有苹果白粉病、炭疽病、枝枯型腐烂病等,虫害有蚜虫卵、卷叶虫幼虫、刺蛾类越冬茧等。冬剪时应注意剪除枝条上越冬的卵、幼虫、茧等,减轻翌年危害。

(3)精细花果管理,提高质量安全水平 疏花、疏果、套袋、摘叶、转果等花果管理技术对高档苹果生产不可缺少。其中,疏花、疏果、摘叶、转果等主要是提高果实品质,而果实套袋既可避免桃小食心虫、椿象、烂果病等对果实的危害,还能降低农药在果品中的残留量。

(4)实施果园深翻,消灭越冬虫源 封冻前,树冠土壤深翻20～30厘米,将下层土翻至上层。既可熟化土壤,又可杀灭在土壤中越冬的桃小食心虫、二斑叶螨、山楂叶螨等害虫。

4. 清洁果园 秋末冬初彻底清扫落叶、病果和杂草,摘除僵果,集中烧毁或深埋,消灭在其中越冬的病虫。冬剪时剪除有腐烂病、轮纹病、干腐病、蚜虫、叶螨、卷叶蛾等的枝条。夏季,结合疏花疏果,摘除白粉病叶芽和卷叶虫。生长季节,及时摘除、清理炭疽病、轮纹病、桃小食心虫、卷叶虫等危害的病虫果,集中深埋销毁。

早春,刮除苹果树老粗皮、翘皮、粗皮和裂缝,集中深埋或烧毁,消灭在其中越冬的害螨、潜皮蛾、卷叶虫等害虫。通常,幼龄树轻刮、老龄树重刮,以彻底刮去粗皮、翘皮,不伤及青颜色的活皮为限。刮皮时要注意保护天敌,特别是靠近地面主干上的翘皮内天敌数量较多,应少刮或不刮。

(二)生物防治技术

生物防治利用各种天敌、激素及其他有益生物进行病虫害防治,不会对环境产生任何副作用,对人畜安全,对果品无残留,防治效果持久,成本低廉,特别是在果树等多年生作物上易取得成功,是果树病虫综合治理体系的主要组成部分。

1. 保护和利用天敌 我国果园天敌种类十分丰富,据不完全统计达 200 多种,经常起作用的优势种有几十种。在苹果生产中,应充分发挥天敌的自然控制作用,避免采取对天敌有伤害的病虫防治措施,尽量选用对天敌伤害小的选择性农药,限制广谱有机合成农药的使用。同时,改善果园生态环境,保持生物多样性,为天敌提供转换寄主和良好的繁衍场所。

(1)主要天敌种类

① 食心虫类的天敌 桃小食心虫天敌主要有桃小甲腹茧蜂、中国齿腿姬蜂。苹小食心虫天敌主要有两种姬蜂(*Phaedrotonus sp.* 和 *Mesochorus sp.*)。

② 叶螨的天敌 主要有深点食螨瓢虫、黑襟毛瓢虫、异色瓢虫、中华草蛉、塔六点蓟马、啮粉蛉、小黑花蝽、隐翅甲、东方钝绥螨、拟长毛钝绥螨、中华植绥螨、毛瘤长须螨、普通盲走螨等。

③ 卷叶蛾类的天敌 卵期天敌主要有拟澳赤眼蜂、松毛虫赤眼蜂。幼虫天敌主要有卷叶蛾肿腿姬蜂、卷叶蛾聚瘤姬蜂、舞毒蛾黑瘤姬蜂、卷叶蛾聚瘤姬蜂、顶梢卷叶蛾壕姬蜂、卷叶蛾甲腹茧蜂、卷叶蛾赛寄蝇等。蛹期天敌常见的是粗腿小蜂。虎斑食虫虻、白

头小食虫虻和一些蜘蛛均可捕食卷叶蛾类的幼虫和蛹。

④ 蚜虫类的天敌　主要有七星瓢虫、异色瓢虫、十三星瓢虫、多异瓢虫、黑背小毛瓢虫等瓢虫类,大草蛉、丽草蛉等草蛉类,黑带食蚜蝇、斜斑鼓额食蚜蝇等食蚜蝇类,小黑花蝽、欧花蝽等捕食蝽类,苹果黄蚜茧蜂、麦蚜茧蜂、梨蚜茧蜂、苹果瘤蚜小蜂、苹果绵蚜日光蜂、蚜虫金小蜂等寄生蜂类(图 4-1)。

图 4-1　瓢虫和食蚜蝇取食蚜虫

⑤ 介壳虫类的天敌　主要有黑缘红瓢虫、红点唇瓢虫、红环瓢虫、中华显盾瓢虫、跳小蜂等。

⑥ 潜叶蛾类的天敌　主要有金纹细蛾跳小蜂、金纹细蛾姬小蜂、金纹细蛾绒茧蜂、潜叶蛾姬小蜂、白跗姬小蜂等。

(2) 保护和利用自然天敌　在秋季天敌越冬前,在枝干上绑草把、旧报纸等,为天敌创造良好的越冬场所,诱集果园及周围的天敌来此越冬。冬季刮树皮时,注意保护翘皮内的天敌。生长季将刮下的树皮妥为保存,放进天敌释放箱内,让寄生天敌自然飞出,增加园内天敌数量。麦收后,将七星瓢虫和异色瓢虫等天敌助迁到苹果园内,可有效控制绣线菊蚜、苹果瘤蚜和卷叶蛾的数量与危害。有条件的果园可生草和覆盖,改善生态环境,招引天敌,提高天敌多样性和对害虫的控制能力。

（3）人工繁殖和释放天敌　繁殖和释放天敌是生物防治的重要途径。我国在松毛虫赤眼蜂、捕食螨、草蛉等天敌的人工繁殖和释放上均已取得成功。松毛虫赤眼蜂寄生于卷叶蛾类、刺蛾类、梨小食心虫、夜蛾类，可利用柞蚕卵人工繁殖。将松毛虫赤眼蜂寄生的柞蚕卵均匀地粘贴在纸片上制成卵卡，每张卵卡上柞蚕卵近百粒，将卵卡用大头针固定在苹果枝干上释放。每张柞蚕卵可繁出约 50 头松毛虫赤眼蜂，一张卵卡可繁出近 5 000 头，田间寄生率可达 70％～80％。在苹小卷叶蛾危害率 5％以下的果园，在第一代卵发生期连续释放赤眼蜂 3～4 次，可以有效控制其危害。胡瓜钝绥螨是优良天敌，在田间释放可有效控制二斑叶螨、山楂叶螨、苹果全爪螨等害螨的危害，成功率达 60％～90％，年农药使用量可减少 40％～60％，防治成本仅为化学防治的 1/3。

2. 利用昆虫激素防治害虫　目前，利用最多的是人工合成的昆虫性外激素。我国有桃小食心虫、梨小食心虫、苹小卷叶蛾、金纹细蛾、苹果蠹蛾、苹果褐卷叶蛾、梨大食心虫、桃蛀螟、桃潜蛾等果园用性诱剂，主要用于害虫发生期监测、大量捕杀和干扰交尾。利用性外激素监测害虫，具有敏感度高、特异性强、方法简便和成本低等特点。可根据诱虫时间和诱虫量指导害虫防治，提高防治质量，减少喷药次数和农药污染残留。将性外激素诱芯制成诱捕器诱杀雄成虫，可减少果园雄成虫数量，使雌成虫失去交尾机会，产出的卵不能孵化幼虫。设置性外激素散发器，使性诱剂气味弥漫整个果园，可使雄虫分辨不出真假，失去交尾机会，从而压低害虫密度。

3. 利用微生物或其代谢产物防治病虫　目前，用于苹果病虫害防治的微生物农药主要是真菌、细菌、放线菌等微生物或用其代谢产物加工制成。浏阳霉素乳油对苹果树害螨有良好的触杀作用，对螨卵孵化也有一定抑制作用。阿维菌素乳油对苹果害螨、桃小食心虫、蚜虫、介壳虫、寄生线虫等多种害虫有效。用苏云金杆菌及其制剂防治桃小食心虫初孵幼虫有较好防效。在桃小食心虫发生期,按照卵果率1‰～1.5‰的防治指标,树上喷洒 Bt 乳剂或青虫菌6号800倍液,防效良好。桃小食心虫越冬幼虫出土期施用斯氏线虫也有较好效果。用多抗霉素防治苹果斑点落叶病和褐斑病,效果显著。用嘧啶核苷类抗生素防治果树腐烂病具有复发率低、愈合快、用药少、成本低等优点。

(三)理化诱控技术

所谓理化诱控技术,就是应用光、热、电、温度、气调、振荡、辐射等物理因素和某些器械防治病虫害。在物理防治器械方面,比较有代表性的产品是频振式杀虫灯(图4-2)和塑料防虫网。据有关方面的统计资料,全国频振式杀虫灯使用量1 000多万台、覆盖面积约670万公顷,全国塑料防虫网使用量1 500多万米^2。

1. 利用昆虫的趋光性 鳞翅目的蛾类、同翅目的蝉类、鞘翅目的金龟子等均有较强的趋光性。果园可设置黑光灯或杀虫灯,诱杀多种果树害虫,将其危害控制在经济损失阈值以下。

图4-2 频振诱虫灯

2. 利用害虫的趋化性 梨小食心虫、金龟子、卷叶蛾对糖醋液有明显的趋性,可配糖醋液(适量杀虫剂、糖6份、醋3份、酒1份、水10份),在其发生期进行诱杀(图4-3)。用碗制成诱杀器挂于树上,每天拣出虫尸,并加足糖醋液,每667米^{2}挂7～8个诱杀器。

图 4-3　糖醋液诱虫装置

3. 利用害虫的越冬习性　利用二斑叶螨、山楂叶螨、梨小食心虫、梨星毛虫等害虫在树皮裂缝中越冬的习性,树干上束草、破布、废报纸等,诱集害虫越冬,在翌年害虫出蛰前集中消灭。

4. 树干涂白　树干涂白可防日灼、冻裂,延迟萌芽和开花期,并兼治枝干病虫害。涂白高度 60～80 厘米,配方为生石灰：食盐：大豆汁：水＝ 12：2：0.5：36。

5. 其他物理防治技术　诸如人工或机械捕杀、光谱杀菌、色板诱蚜、银灰色薄膜避蚜、果实套袋、太阳能高温消毒、冬季低温杀死病菌虫卵等。

二、苹果生产科学用药

化学防治就是用化学农药防治病虫害。化学防治是目前苹果生产中病虫害防治的主要措施。但化学防治必须科学、合理,否则既会影响防治效果,还可能影响到果实和环境安全。

（一）开展病虫测报

农作物病虫害预测预报,简称病虫测报,就是系统、准确监测病虫害发生动态,对其未来发生危害趋势做出预测。病虫测报是化学防治的基础。苹果园主要病害虫的测报方法见表 4-1。

表 4-1 苹果主要病虫害的测报方法

病虫种类	测报方法
桃小食心虫	采用树下盖瓦片和人工埋越冬茧的方法,预测越冬幼虫出土时间。采用性诱剂诱捕雄虫的方法预测成虫发生期。田间卵量发生预测是化学防治期确定的关键,一般调查 50~100 株树,随机调查 500 个果,当卵果率达 1‰时,即可进行树上喷药防治
苹果小卷叶蛾	采用田间观测的方法调查越冬基数,即采用五点调查法,每园取 5 株树,抽查剪口、主枝枝权等处越冬虫量。越冬幼虫出蛰期调查选点方法与越冬基数调查相同,于萌芽时开始,2 天统计 1 次固定枝条花芽上幼虫,统计后将虫去除,直至出蛰结束。成虫预测,可采用糖醋液和性诱剂诱捕法,也是在果园内五点悬挂性诱剂
金纹细蛾	越冬基数调查方法为,于果园内随机采集落叶 200 片,查看越冬蛹数。出蛰成虫发生测报采用性诱剂诱捕法,于早春在果园内五点选树,悬挂诱捕器,每天早晨调查成虫量
苹果全爪螨	越冬卵孵化调查方法为,早春花芽萌动前在果园内五点取样选定 5 株树,每树兼顾不同方位选取 5~10 个点,每点定 10~30 粒卵,2 天调查 1 次孵化情况。生长季虫口密度调查,取样方法同上,从越冬卵孵化结束时开始,每树按东、南、西、北、中 5 个方位各随机调查 5 片叶,记载虫量
山楂叶螨	越冬成虫出蛰期调查,4 月初开始,选择上年危害较重的树,在树干主枝基部粗翘皮用刀刮除 15 厘米宽,涂上白油漆,待干后涂上凡士林或黄干油,每天下午检查 1 次出蛰虫数。生长季虫口密度调查同苹果全爪螨
二斑叶螨	越冬成虫出蛰期调查同山楂叶螨。生长季虫口密度调查同苹果全爪螨

续表 4-1

病虫种类	测报方法
苹果树腐烂病	发病期预测从 2 月上中旬开始,选发病较重树 10～20 株,每 3～5 天调查 1 次,一旦见到新发病斑,即为发病开始。分生孢子发生期预测从 2 月下旬开始,选感病品种红富士等 2～5 株,每株选 1 块较大病斑,不刮治,在距病斑 4～6 毫米处挂上涂有凡士林的载玻片,每 2～4 天观察孢子数量
苹果轮纹病	在园内选感病品种中枝干病斑较多的树 4 株,将涂有凡士林的载玻片固定在距病枝干 5～10 厘米处,每 3 天观察孢子数量
苹果斑点落叶病	孢子捕捉法,即在园内选感病品种或上年发病较重的品种树 5 株,在每株树的东、西、南、北、中 5 个方位上挂 5 片涂有凡士林的载玻片,于花后每 5～7 天调查孢子数量。田间调查法,即在园内选历年发病较重的感病品种 5～10 株树,于花后每 5～7 天调查 1 次,每次检查 500～1000 个叶片
苹果褐斑病	同苹果斑点落叶病
苹果炭疽病	选重病区感病品种 5 株,每株按不同方位挂 5 片涂有凡士林的载玻片,每 7 天更换检查 1 次,每片检查 10 个视野,观测孢子数量
苹果锈病	3 月下旬开始记录每次降雨的雨量及雨后 2 天内的相对湿度

(二)抓住关键时期

病虫危害分为初发、盛发、末发 3 个时期。虫害和叶部多次侵染病害应在发生最小、尚未开始大量爆发之前防治,将其控制在初发阶段。对于具有潜伏侵染的枝干病害,既要在快速扩展前期进行及时刮治,还要在孢子释放高峰和侵染高峰期及时喷药防治。

关键时期用药不但可以降低用药量,而且防治效果较好。经济阈值是指有害生物达到对被害作物造成经济允许损失水平时的临界密度。在此密度下应采取控制措施,以防止有害生物种群继续发展而达到经济危害水平。有害生物密度过低时,应综合经济效益和环境因素,确定是否用药防治。

(三)病虫害挑治

所谓挑治就是选择有病虫危害的植株,进行药剂防治。挑治是减轻生产成本、提高经济效益的有效措施,也有利于保护生态平衡和天敌。对于尺蠖、金龟甲、蚜虫、天牛等发生量小、传播速度慢的害虫,可采用挑治的方法。苹果腐烂病等枝干病害,一旦发生应立即刮除病斑,并及时涂药,针对个别发病较重的果树应补充营养,提高树势,增强抗病能力。果树根腐病等根部病害一旦发生,应及时用高浓度杀菌剂进行灌根治疗,或拔除病树,防止病菌传播。

(四)农药合理使用

尽可能选择专性杀虫杀菌剂,少使用广谱性农药。尽可能选择病虫杀灭率高、对天敌相对安全的农药种类。根据病虫种类和危害方式选择农药种类,防治咀嚼式口器害虫应选择胃毒作用的药剂,防治刺吸式害虫应选择内吸性强的药剂。施药时,可合理混加增效剂、展着剂;重点部位应适当细喷,注意喷叶背面;应尽量呈雾状,以使药液附着均匀;无漏喷现象或未喷到的地方。选择果树安全阶段用药,避免药害发生。避免随意提高用药浓度和频繁施药,以降低病虫抗药性产生速度。

农药混用时,有效成分不应发生化学变化。例如,酸、碱性农药不能混用。不能破坏药剂的药理性能,两种可湿性粉剂混用后应仍有良好的悬浮率、湿润性和展着性能。必须确保混用后不产生药害等副作用。应保证混用后不增加毒素,对人畜要绝对安全。混用的农药品种应有不同的作用方式和兼治不同的防治对象。混剂使用后,果品农药残留量应低于单用药剂。

三、苹果主要病害的防治

(一)苹果斑点落叶病

1. 田间诊断 苹果斑点落叶病主要危害叶片(尤其是展叶 20 天内的嫩叶),也危害叶柄、1 年生枝条和果实。叶片染病初期出现褐色圆形斑,病斑周围常伴有紫色晕圈,边缘清晰(图 4-4A);随病情发展,病斑扩大,呈深褐色,数个病斑融合成不规则形状,空气潮湿时,病斑产生孢子梗和分生孢子,发病中后期病斑常被其他真菌腐生,变为灰白色,中间长出小黑点,为腐生菌的分生孢子器(图 4-4B),有些病斑脱落、穿孔。夏、秋高温多雨季节,病菌繁殖量大,发病周期短,秋梢部位叶片病斑扩展迅速(图 4-4C),呈现不整形大斑,叶片的一部分或大部分变为褐色,染病叶片脱落或自叶柄病斑处折断(图 4-4D)。

2. 发病规律 该病病原菌为 *Alternaria mali* Roberts,病菌以菌丝体在被害叶、枝条上越冬。翌年春季产生分生孢子,随风雨传播,侵染危害春梢叶片。病害的发生、流行与气候、品种密切相关。苹果栽培品种中,红星、红元帅、富士、印度、玫瑰红、青香蕉、北斗易感病;金帅系、鸡冠、祝光、嘎啦、乔纳金发病较轻。叶龄与发病也有一定关系,一般感病品种叶龄在 12～21 天最易感病。

3. 防治适期 苹果斑点落叶病的流行与叶龄、降雨、空气湿度关系密切,防治的重点时期是发病前期和中期(降雨多的年份应提早施药),重点保护早期叶片。感病品种应在病叶率 10% 以下,平均每叶病斑数 0.1 个左右时开始用药。

图 4-4 苹果斑点落叶病症状

4. 防治方法

(1) 加强栽培管理,搞好清园工作 夏季剪除徒长枝,减少后期侵染源,改善果园通透性。低洼地、水位高的果园要注意排水,降低果园湿度。合理施肥,增强树势,有助于提高树体的抗病力。秋冬季彻底清扫果园内的落叶,清除树上病枝、病叶,集中烧毁或深埋,果树发芽前喷布 3~5 波美度石硫合剂,可减少初侵染源。

(2) 化学药剂防治 初次用药时期以病叶率 10% 左右时为宜。可选用 10% 多抗霉素可湿性粉剂 1 000 倍液、500 克/升异菌脲悬浮剂 1 500 倍液、430 克/升戊唑醇悬浮剂 3 000 倍液、50% 腐霉利可湿性粉剂 2 000 倍液于春梢前中期和秋梢前中期交替用药,施药间隔期一般 10~20 天,喷施药剂 3~4 次即可。

（二）苹果褐斑病

1. 田间诊断 苹果树褐斑病是引起苹果早期落叶的主要病害，我国各苹果产区都有发生。病原有性态为 *Diplocarpon mali* Harada et Sawamura，属子囊菌亚门真菌；无性态为 *Marssonina mali* (P. Henn.)，属半知菌亚门腔孢纲黑盘孢目盘二孢菌。菌丝生长适温为 20℃～25℃。分生孢子在 0℃～35℃条件下均可萌发，最适温度 18℃～25℃，最适 pH 值 6～7。褐斑病菌除侵染苹果外，还可侵染沙果、海棠、山定子等。褐斑病病斑分为以下 3 种类型。

（1）轮纹型 发病初期，叶片正面出现黄褐色小点，逐渐扩大成褐色不规则病斑，外有绿色晕圈，病斑中央出现呈同心轮纹排列的黑色小点（分生孢子盘）；背面中央暗褐色，四周浅褐色，无明显边缘（图 4-5A，图 4-5B）。

（2）针芒型 病斑呈针芒放射状向外扩展，无固定形状，边缘不定，病斑小而多，常遍布叶片。后期叶片渐黄，病部周围及背部仍保持绿褐色（图 4-5C）。

（3）混合型 病斑大，不规则，其上有黑色小粒点。病斑暗褐色，后期中心为灰白色，有的叶片边缘仍呈绿色（图 4-5D）。

苹果褐斑病菌也可侵染果实，在果实表面出现淡褐色小斑点，逐渐扩大成为圆形或者不规则形褐色斑，病斑处果面凹陷，有黑色小粒点，病部果肉变为褐色，呈海绵状干腐（图 4-5E）。

2. 发病规律 病菌以菌丝、菌索、分生孢子盘或子囊盘在病叶上越冬，翌年春产生分生孢子和子囊孢子进行初侵染。潮湿是病菌扩展及产生分生孢子的必要条件，子囊孢子多从叶片的气孔侵入，也可经伤口直接侵入。病菌潜育期一般为 5～12 天，从侵入到病叶脱落需 13～55 天。因此，该病一般 5 月中下旬至 6 月上旬开始发病，7 月下旬至 8 月上旬进入发病盛期。发病严重年份，8

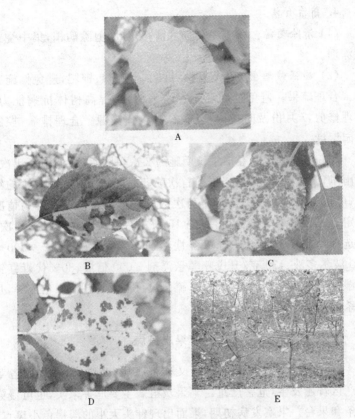

图 4-5 苹果褐斑病症状

月中下旬开始落叶,9月份大量落叶,至10月份停止发展。在苹果栽培品种中,红玉、红富士、金冠、元帅、红星、国光易感病,鸡冠、祝光、倭锦、青香蕉、小国光较抗病。

3. 防治适期 苹果树褐斑病发生与降雨和温度关系密切。防治该病应从病害发生初期开始,施药间隔期10～14天,连续施药2～3次。多雨年份适当增加施药次数。干旱月份,施药间隔期可适当延长至10～25天。

4. 防治方法

（1）清除菌源　秋末冬初彻底清扫落叶，剪除病梢，集中烧毁或深埋。

（2）加强栽培管理　施用有机肥，增施磷、钾肥，避免偏施氮肥。合理疏果。避免过度环剥。增强树势，提高树体抗病能力。合理修剪，7月份及时剪除徒长枝，减少侵染源。合理排灌，控制果园湿度。

（3）化学防治　春梢生长期施药2次，秋梢生长期施药1次。春雨早、雨量多年份，适当提前首次喷药时间，春雨晚、雨量少的年份，可适当推迟施药。全年喷药次数应根据雨季长短和发病情况而定，一般，第一次施药后，每隔15天左右施药1次，共3~4次。可选择药剂有50%异菌脲可湿性粉剂1 500倍液、1∶2∶200~240波尔多液、430克/升戊唑醇悬浮剂3 000倍液、80%代森锰锌可湿性粉剂800倍液、70%甲基硫菌灵可湿性粉剂800倍液等，几种杀菌剂交替使用防效佳。

（三）苹果炭疽病

1. 田间诊断　苹果炭疽病又称苦腐病、晚腐病，在我国各苹果产区普遍发生，危害严重。苹果炭疽病主要危害果实，也可侵染枝条和果台。果实发病初期，果面出现针头大小的淡褐色小斑点，病斑圆形边缘清晰，病斑逐渐扩大成褐色或深褐色（图4-6A，图4-6B），表面出现略凹陷的同心轮纹斑。由病部纵向剖开，病果肉自果面向果心呈漏斗状变褐腐烂，具苦味，与好果肉界限明显。病斑直径达到1~2厘米时，病斑中心开始出现稍隆起同心轮纹状排列的小粒点（分生孢子盘），粒点初为浅褐色，后变黑色，并且很快突破表皮。如遇降雨或天气潮湿则溢出绯红色黏液（分生孢子团）（图4-6C）。条件合适时，病斑可扩展到果面的1/3~1/2，有时病斑相连也可导致全果腐烂。果实腐烂失水后干缩成僵果，脱落或挂在树上。在运输或者贮藏期间遇适宜条件病斑扩展迅速。

A　　　　　　　　B　　　　　　　　C

图 4-6　苹果炭疽病症状

2. 发病规律　病原菌为围小丛壳 *Glomerella cingulata*（St-onem）Schrenk et Spauld,属子囊菌亚门小丛壳属。菌丝发育温度为 12℃～40℃,最适温度 28℃,菌丝形成的最适温度为 22℃左右。炭疽病菌除危害苹果外,还可侵染海棠、梨、葡萄、桃、核桃、山楂、柿、枣、栗、柑橘、荔枝、芒果等多种果树以及刺槐等树木。

病菌以菌丝体、分生孢子盘在苹果树上的病果、僵果、果苔、干枯的枝条、潜皮蛾危害的破伤枝条等处越冬。翌年春天越冬病菌形成分生孢子,借雨水、昆虫传播,直接穿过表皮或通过皮孔、伤口侵入果实。温度 28℃～29℃、相对湿度 80％以上为进入发病高峰的温湿度指标。以刺槐林作防风林的苹果园,有利于该病发生。该病在园内有中心发病株,病果有分片集中现象,树冠内膛较外部病果多,中部较上部多。

3. 防治适期　病菌自幼果期至果实成熟期均可侵染果实。在北方地区,侵染盛期一般 5 月底至 6 月初开始,8 月中下旬之后,侵染减少。一般 7 月份开始发病,8 月中下旬之后开始进入发病盛期,采收前 15～20 天达到发病高峰。

4. 防治方法

（1）加强栽培管理　结合修剪,及时剪除枯枝、病虫枝、徒长枝和病果、僵果,集中销毁,减少果园再侵染源。合理密植,配合中耕锄草等措施,改善果园通风透光条件,降低果园湿度。合理施用氮、磷、钾肥,增施有机肥,增强树势。合理灌溉,注意排水,避免雨季积水。果园周围避免使用刺槐、核桃等病菌寄主作防风林。

(2)物理防治　加强贮藏期管理,入库前剔除病果,注意控制库内温度,特别是贮藏后期温度升高时,应加强检查,发现病果及时剔除。

(3)化学防治　苹果炭疽病发病规律与果实轮纹病基本一致,对两种病害有效的药剂种类也基本相同。炭疽病发病较重的果园,可在早春萌芽前对树体喷施一次铲除剂,消灭越冬菌源,药剂可选用3～5波美度石硫合剂或0.3%五氯酚钠,两者混合使用效果更佳。生长期施药应在谢花坐果后开始,每隔15天喷施药剂1次,连续喷施3～4次,晚熟品种可适当增加喷药次数。可用70%甲基硫菌灵可湿性粉剂800倍液、77%氢氧化铜可湿性粉剂600～800倍液、430克/升戊唑醇悬浮剂4 000倍液、50%多菌灵可湿性粉剂600倍液、80%代森锰锌可湿性粉剂800倍液。咪鲜胺类杀菌剂对炭疽病有特效。

(四)苹果轮纹病

苹果轮纹病又称疣皮病、黑腐病、粗皮病、轮纹褐腐病、水烂病,是我国乃至世界苹果产区的一种常见病害。

1. 田间诊断　枝干受害,当年生枝皮孔稍隆起,其上形成圆形或扁圆形红褐色瘤状物,并以膨大隆起的皮孔为中心开始扩大,树皮下产生近圆形或不规则形红褐色小斑点,稍深入白色的树皮中,病瘤边缘龟裂与健康组织形成一道环沟。严重时,病组织翘起如马鞍状,许多病斑连在一起,使表皮粗糙(图4-7A、图4-7B、图4-7C)。

叶片受害,产生褐色圆形或不规则具同心轮纹病斑,严重时干枯早落。果实受害,皮孔周围形成褐色或黄褐色小斑点,对应浅层果肉稍微变褐、湿腐。病斑扩大后有轮纹型、云斑型和硬痂型3种症状(图 4-7D、图 4-7E)。

(1)轮纹型　表面形成黄褐色与深褐色相间的圆形或近圆形同心轮纹,果肉褐色,外表渗出黄褐色液体,腐烂时果形不变。

(2)云斑型　形状不规则,呈黄褐色与深褐色交错的云形斑纹。果肉烂的范围大,流出的茶褐色液体有酸臭味。

(3)硬痂型　原发点周围形成暗褐色硬痂,周围稍凹陷,外围病皮暗褐色,无明显同心轮纹,造成果实大量脱落。

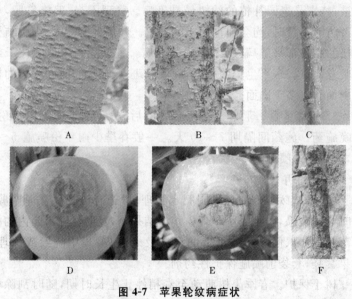

图 4-7　苹果轮纹病症状

2. 发病规律　病原为梨生囊孢壳 *Physalospora piricola* Nose,子囊菌亚门;无性世代为贝伦格葡萄座腔菌 *Botryosphaeria berengeriana* de Not.,属半知菌亚门大茎点属真菌。田间经常见到的苹果轮纹病菌为无性阶段。该病原菌可侵染苹果、梨、海棠、桃、李、杏、蓝莓等多种果树。

病菌以菌丝、分生孢子器及子囊壳在病枝上越冬,风雨传播。病菌自苹果幼果期(落花后 10 天左右,此时幼果气孔已形成但未形成皮孔)后开始侵染,4～7 月份传染量最多。病菌侵入幼果后,初期呈潜伏状态,到果实近成熟时或贮藏期生活力减弱后,潜伏菌丝迅速蔓延扩展才出现症状。

幼果期降雨次数多,持续时间长,发病重。果实生育期,特别是在 5～7 月份,降雨多、雨日多、雾露多,发病重。树势衰弱,病害严重,特别是老园补植的幼树最易染病。管理不当,偏施氮肥,病虫害防治不及时,均会加重病害的发生。凡皮孔密度大、细胞结构疏松的品种都易感病,反之则比较抗病。害虫危害严重的枝干或果实发病重。水平生长的枝条,腹面病斑多于背面,直立生长的枝条阴面病斑多于阳面。

3. 防治适期 苹果露花至套袋前后施药,幼果期无雨年份,可晚施药。施药间隔期 7～10 天。一般春季少雨年份喷施 5～6 次,多雨年份喷施 7～8 次。

4. 防治方法

(1)农业防治 加强果园肥水管理,增施有机肥。合理修剪、适时疏花疏果,防止大小年现象。清洁果园,及时清除果园内的枯枝落叶、病果、僵果及枝干上的病瘤及老翘皮,集中烧毁或深埋。幼果套袋,套袋前喷施保护性药剂。

树干保护。春季果树萌动至春梢停止生长时期,随时刮除树体主干和大枝上的轮纹病瘤、病斑及干腐病病皮(图 4-7F),同时喷 1 次 3～5 波美度石硫合剂,保护树体。

(2)化学药剂防治 病瘤部位刮除后涂抹 10%果康宝 15～25 倍液,进行杀菌消毒,促进病组织翘离和脱落。生长期喷药保护性杀菌剂,一般从落花后 10 天开始,可用 10%苯醚甲环唑水分散粒剂 2 000～2 500 倍液、80%代森锰锌 800 倍液、70%甲基硫菌灵可湿性粉剂 800 倍液、430 克/升戊唑醇悬浮剂 4 000 倍液、50%多菌灵可湿性粉剂 600 倍等药剂喷施,施药间隔期 15～20 天。采前喷施 1～2 次内吸性杀菌剂,采收后再用仲丁胺 200 倍液浸果 3～5 分钟后贮藏,可增加防治效果。

(3)贮藏管理 贮运前严格剔除病果,并用仲丁胺 200 倍液浸果 1 分钟,低温贮藏(0℃～2℃)。

(五)苹果树腐烂病

1. 田间诊断 苹果树腐烂病俗称烂皮病、臭皮病。在我国各苹果产区均有发生,黄河流域及其以北果区,树龄较大的结果树发病严重。苹果树腐烂病主要危害枝干,幼树和苗木也可受害。按照病斑的表现类型可分为溃疡型和枝枯型两类。

溃疡型发病初期病部红褐色,常流出黄褐色汁液(图 4-8A),树皮皮下组织松软,红褐色,有酒糟味(图 4-8B)。发病后期病部出现黑色小点(图 4-8C),雨后小黑点上可见有金黄色的丝状孢子角溢出(图 4-8D)。

枝枯型病部初始红褐色,潮湿肿起,病斑很快变干、下陷,形成边缘不明显的不规则病斑,后期病部长出许多黑色小粒点。

2. 发病规律 苹果树腐烂病为真菌病害。病原菌有性阶段为苹果黑腐皮壳 *Valsa mali* Miyabe et Yamada,属子囊菌亚门,黑腐皮壳属。无性阶段为干腐壳囊孢 *Cytospora* sp.,属于半知菌亚门,壳囊孢属。该病菌除危害苹果及苹果属植物外,还可侵染梨、桃、樱桃、梅等多种果树。

苹果树腐烂病菌为弱寄生菌,主要以菌丝、分生孢子器和子囊壳在病皮内和病残株枝干上越冬。翌年春,分生孢子器涌出孢子角,孢子角失水飞散出分生孢子。分生孢子随风雨和昆虫传播,从伤口侵入,具潜伏侵染特性。缺肥、结果过多、冬季树体冻伤、损伤及剪锯口伤、虫蛀伤、枝干向阳面日灼伤等会诱发腐烂病,导致病害流行。

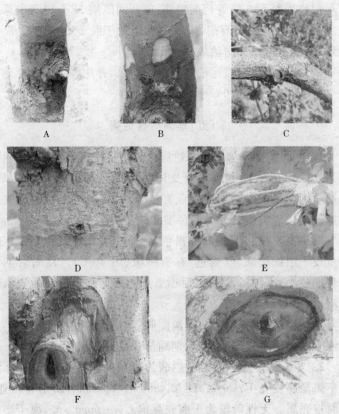

图 4-8　苹果树腐烂病症状与防治

3. 防治适期　病菌一般 3～5 月份侵染,2 月上旬至 5 月下旬、8 月下旬至 9 月上旬为发病高峰期,晚春后抗病力增强,发病锐减。防治苹果腐烂病要做到定期检查,发现病疤及时刮治,病皮及时收起并带出果园销毁。

4. 防治方法

(1)农业防治　加强栽培管理,施足有机肥,增施磷、钾肥,避免偏施氮肥。合理修剪控制负载量,克服大小年。清除病源。实行病疤桥接(图4-8E)。

(2)化学防治 发芽前喷3～5波美度石硫合剂或430克/升戊唑醇悬浮剂3 000倍液。田间见到病斑随时刮治,并对患处涂药保护(图4-8F,图4-8G),可选药剂有3.315%甲硫·萘乙酸、菌清、代森铵、树安康等。

(六)苹果干腐病

1. 田间诊断 干腐病又名"干腐烂"、"胴腐病",是苹果树枝干的重要病害,危害定植苗、幼龄树、老弱树的枝干,常造成死苗甚至毁园。一般从嫁接部开始发病(图4-9A),逐步向上扩展,形成暗褐色至黑褐色的病斑(图4-9B),严重时幼树枯死。症状分为溃疡型和枝枯型。

(1)溃疡型病斑 病斑暗紫色或暗褐色、形状不规则、表面湿润,不烂到木质部,常溢出茶色黏液,无酒糟味。病斑失水后干枯凹陷,病健交界处常裂开,中部出现纵横裂纹,多个病斑合并,绕茎一周,使枝条枯死(图4-9C)。发病后期病部出现小黑点,比腐烂病小而密(图4-9D)。

(2)枝枯型 发病枝条多在衰老树上部,病斑最初为暗褐色或紫褐色椭圆形斑,之后迅速扩展成凹陷的条斑,深达木质部,病斑上密生小黑点(图4-9E)。果实发病与轮纹病不易区别,统称为轮纹烂果病。

2. 发病规律 苹果干腐病与轮纹病是由同一种病菌引起,干腐型症状是轮纹病在枝干上的一种表现形式。病原为 *Botryosphaeria ribis* Gross. et Dugger,属子囊菌亚门,葡萄座腔菌属。无性世代为 *Dofhiorella* .,为小穴壳菌属。病菌以菌丝体、分生孢子器、子囊壳、菌丝在枝干病部越冬,翌年春产生孢子进行侵染,病菌孢子随风雨传播,从伤口、枯芽或皮孔侵入。干腐病菌具有潜伏

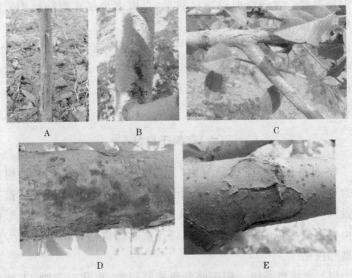

图 4-9 苹果干腐病症状

特性,寄生力弱,只能侵害衰弱植株或移植后缓苗期的苗木。苹果生长期均可发病,6～8 月份和 10 月份为两个发病高峰。

树势衰弱是该病发生流行的重要因素。凡管理不良,树势衰弱的果树发病重。严重干旱或涝害是诱发病害的重要因素。枝干伤口多易发病。冻害后干腐病发生较多。国光、青香蕉、红星等品种发病重,红玉、元帅、祝光、鸡冠等发病轻。

3. 防治适期 冬季及时进行树体保护。发病初期刮除病斑。

4. 防治措施

(1)农业防治 增强树势,提高树体抗病力。改良土壤,提高土壤保水保肥力。旱涝时及时灌排。保护树体,减少伤口产生,同时做好防冻工作。发病初期,削掉变色的病部或刮掉病斑。不用苹果、蓝莓、杨柳等该病菌寄主作撑棍。及时摘除病果,清除残枝。

（2）化学防治　果树发芽前喷3～5波美度石硫合剂，4月中旬至5月中旬喷杀菌剂，保护枝干。果实防治药剂参考苹果轮纹病。

（七）苹果霉心病

1. 田间诊断　苹果霉心病又名心腐病、果腐病、红腐病、霉腐病。主要危害元帅、富士、红星、伏锦等品种。

病果外观常表现正常，比正常果实重量明显变轻，易脱落。病果心室坏死变褐，逐渐向外扩展腐烂。果心充满粉红色霉状物，有的为灰绿色、黑褐色或白色霉状物，有时颜色各异的霉状物同时出现。病菌突破心室壁扩展到心室外，引起果肉腐烂。有霉心和心腐两种症状。霉心症状为果心发霉，但果肉不腐烂；心腐症状为果心发霉，果肉由里向外腐烂（图4-10）。

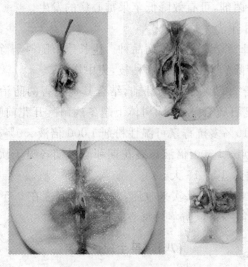

图4-10　苹果霉心病症状

2. 发病规律　该病由多种真菌侵染所致，各地鉴定的结果不尽一致,常见的有粉红单端孢 *Trichothecium roseum*（Bull.）Link、链格孢 *Alternaria alternata*（Fr.）Keissl.、串珠镰刀菌 *Fusarium moniliforme* Sheld 等 3 种真菌。

病菌在僵果或其他坏死组织上越冬。病菌于苹果花期侵染定殖于花柱,随后在萼心间组织蔓延而侵入果实心室,此后,在整个果实发育期,病菌陆续进入心室,直至果实采收。苹果霉心病菌具有潜伏侵染特点。

霉心病的发生与苹果品种关系最为密切。果实的萼口开、萼筒长、萼筒与心室相通的品种感病重,萼心闭、萼筒短、萼筒与心室不相通的品种则抗病。此外,降雨早、雨量多、果园地势低洼、郁闭、通风不良等均利于发病。

3. 防治适期 苹果树花芽露红前期、终花期和坐果期全园喷施保护性杀菌剂,可有效降低苹果霉心病的发生。

4. 防治方法

(1)农业防治 种植抗病品种。生长季节随时清除病果,秋末冬初彻底清除病果、僵果和病枯枝,集中烧毁。

(2)化学防治 苹果萌芽前,结合其他病害的防治,全园喷布 3～5 波美度石硫合剂,铲除树体上越冬病菌。开花前喷 1 次杀菌剂,可选择 10%多抗霉素可湿性粉剂 1 000 倍液、50%异菌脲可湿性粉剂 1 000～1 500 倍液。终花期和坐果期各喷 1 次杀菌剂,两次用药间隔为 10～15 天。

(3)物理防治 果实采收后,调整果库温度在 0.5℃～1℃、相对湿度 90%左右,以防苹果霉心病扩展蔓延。

(八)苹果生理性病害

苹果园土壤中或树体生理性缺少某种所需元素时,常会引起生长发育受阻,枝、叶、果表现异常症状,影响产量、外观和品质。常见的苹果生理性病害有苹果小叶病、苹果黄叶病、苹果缩果病、苹果苦痘病等。

1. 苹果小叶病

(1)田间诊断 因土壤中缺少锌元素引起,沙质薄地、碱性土壤果园发生重。主要危害新梢和叶片,春季病树发芽较晚,抽叶后生长停滞,叶片狭小细长,叶缘向上,叶质硬而脆,叶色呈淡黄绿色或淡浓不匀,簇生成丛状,易早落。病枝节间缩短,生长衰弱,后期或枯死。在枯枝下方又可另发新枝,仍表现同样症状。病树花芽减少,花朵小而色淡,不易坐果,所结果实小而畸形。初发病幼树根系发育不良;老病树根系有腐烂现象,树冠稀疏,产量很低。品种间缺锌反应有明显差异。红玉、倭锦最易发生小叶病,白龙、美夏、金冠、国光等稍轻,元帅、红星、印度等发病重。

(2)防治方法 增施锌肥或降低土壤 pH 值(增加锌盐的溶解度),是防治该病的有效途径。花芽前树上喷施 3‰～5‰硫酸锌溶液或发芽初喷施 1‰硫酸锌溶液,当年即可见效。发芽前或初发芽时,在有病枝头涂抹 1‰～2‰硫酸锌溶液,促进新梢生长。对盐碱地、黏土地、沙地等土壤条件不良的果园,适当改善土壤的 pH 值,释放被固定的锌元素,可从根本上解决缺锌小叶问题。

2. 苹果黄叶病

(1)田间诊断 苹果黄叶病又叫白叶症、褪绿症等,在我国各苹果产区均有发生。该病因土壤中缺少铁元素引起。多发生在盐碱地或钙质土壤果园,尤以苗期和幼龄树受害严重。病害多从新梢顶端幼嫩叶片开始,初期叶片先变黄,叶脉仍为绿色,叶片呈绿色网纹状。随后叶片逐渐变黄,严重时整叶变白,叶缘枯焦,叶片提前脱落。一般树冠外围新梢的顶端叶片发病较重,下部老叶发病较轻。严重缺铁时,新梢顶端枯死。病树果实绿色。

(2)防治方法 一切加重土壤盐碱化程度的因素都能加重缺铁症的表现,盐碱较重的土壤中,可溶性的二价铁转化为不可溶的三价铁,不能被植物吸收利用,使果树出现缺铁症状。

3. 苹果缩果病　苹果缩果病在我国各果区均有发生,因土壤中缺少硼元素引起。山地、沙质土壤果园发生较重,干旱年份偏重。

(1)田间诊断　病害主要表现在果实上,落花后至采收期均可发生,以 6 月份发病较多,初期在幼果背阴面产生圆形红褐色斑点,病部皮下果肉呈水渍状、半透明,病斑面溢出黄褐色黏液。后期果肉坏死变为褐色至暗褐色,病斑干缩凹陷开裂。病情严重时可引起大量落果,产量降低,品质变劣。有的品种新梢、芽和叶也表现症状。

(2)防治方法　秋季落叶后或早春发芽前,树下沟施硼砂或硼酸,施肥后充分灌水。一般干径 7.5～15 厘米,硼砂用量 50～150 克/株;干径 20～25 厘米,硼砂用量 120～210 克/株;干径 30 厘米以上,硼砂用量 210～500 克/株。开花前、开花期和开花后各喷施 1 次 0.3% 硼砂水溶液,见效快,效果良好,但持效期较短。

4. 苹果苦痘病　苹果苦痘病又称苦陷病,是苹果成熟期及贮藏期常发生的生理性病害,该病因树体缺钙造成。修剪过重、偏施氮肥、树体过旺以及肥、水不良的果园发病重。国光、青香蕉、金冠、红星等品种易发病。

(1)田间诊断　在果实近成熟时开始出现症状,贮藏期继续发展。发病初期,病斑多以皮孔为中心,在红色果上呈暗红色,在绿色或黄绿色果上呈浓绿色,近圆形,周围有暗红色或黄绿色晕圈。后期病部干缩,表皮坏死,显现出凹陷的褐斑,食之有苦味。贮藏后期,病部组织易被杂菌侵染而腐烂(图 4-11)。

(2)防治方法　避免偏施氮肥,增施有机肥。合理灌水,雨季及时排水。病重果园,可在果实生长中、后期喷施 70% 氯化钙 150 倍液,每隔 20 天喷施 1 次,喷施 3～4 次可达到良好效果。气温高时,为防止氯化钙灼伤叶片,可改喷硝酸钙。

5. 苹果日灼病　苹果果实、枝干均可发生日灼病,主要发生

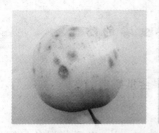

图 4-11 苹果苦痘病症状

于夏季强光直接照射的果面或树干。

(1) 田间诊断 被害果初期呈黄色,绿色或浅白色(红色果),圆形或不定形,后变褐色坏死斑块,有时周围具红色晕或凹陷,果肉木栓化。日灼病仅发生在果实皮层,病斑下部果肉不变色,易形成畸形果。主干、大枝染病,向阳面呈不规则焦煳斑块,易遭腐烂病菌侵染,引起腐烂或削弱树势。

土壤水分供应不足、修剪过重、病虫危害重导致早期落叶,特别是保水不良的山坡或沙砾地,遇夏季久旱或排水不良,易导致日灼病发生。枝干受害原因是,冬季落叶后,树体光秃,白天阳光直射主干或大枝,致向阳面昼夜温差过大、细胞反复冻融后受损。红色耐贮品种发病轻,不耐贮品种重。

(2) 防治方法 选栽抗日灼病品种。加强果园管理,合理排灌水,及时防治其他病害,保证果树枝叶齐全和正常生长发育。树体涂白,降低阳面温度,缩小昼夜温差。修剪时,西南方向多留枝条,可减轻日灼对枝干的危害。夏剪时,果实附近适当增加留叶遮盖果实,防止烈日暴晒。疏果后半个月进行果实套袋,需要着色的果实,采前半个月摘袋,有效降低日灼病的发病率。

四、苹果主要虫害的防治

(一)苹果全爪螨

1. 田间诊断

(1)危害症状　苹果全爪螨危害叶片,出现黄褐色失绿斑点,严重时叶片灰白,变硬,变脆,一般不脱落。春季危害嫩芽,幼叶干黄、焦枯,严重影响展叶和开花。如图 4-12A。

(2)害虫识别

①卵　夏卵葱头形,圆形稍扁,顶端生有一短毛,卵面密布纵纹。如图 4-12B。

②幼螨　近圆形,足 3 对,体毛明显。冬卵孵化后呈淡橘红色,取食后变暗红色。夏卵孵化后呈浅黄色,后渐变为橘红色至暗绿色。如图 4-12C。

③雌成螨　体长 0.34～0.45 毫米,体宽约 0.29 毫米。体圆形,背部隆起,体色深红,体表有横皱纹。足黄白色。如图 4-12D。

④雄成螨　体长约 0.28 毫米,初蜕皮时呈浅橘黄色,取食后为深橘红色,眼红色、腹末较尖削,其他特征同雌成螨。如图 4-12E。

2. 发生规律与习性　广泛分布于北京、辽宁、内蒙古、宁夏、甘肃、河北、山西、陕西、山东、河南、江苏等地。北方果区 1 年发生6～7 代,以卵在短果枝、果苔和多年生枝条的分权、叶痕、芽轮及粗皮等处越冬。发生严重时,主枝、侧枝背面、果实萼洼处均可见到冬卵。越冬卵于苹果花蕾膨大时开始孵化,晚熟品种盛花期为孵化盛期,终花期为孵化末期,5 月上中旬出现第一次成虫,5 月中旬末至下旬为盛期,并交尾产卵繁殖,卵期夏季 6～7 天,春、秋季9～10 天。第二次成虫出现盛期在 6 月上旬左右,第三次在 6 月下旬末和 7 月上旬初,第四次在 7 月中旬,第五次在 8 月上旬末,第六次在 8 月下旬末,第七次在 9 月下旬初。越冬卵于 8 月中旬开始出现,9 月底达到最高峰,以后便趋于稳定,夏卵在 10 月上旬基本绝迹。高温干旱是其大量繁殖的有利条件,其适宜生长温度为 25℃~28℃,相对湿度为 40%~70%。

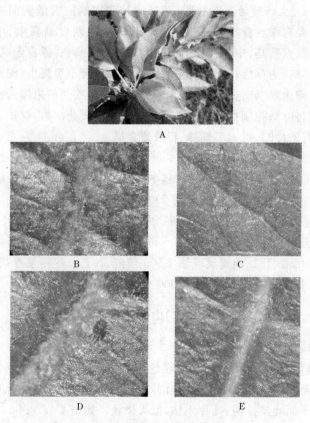

图 4-12 苹果全爪螨危害状

3. 防治适期 越冬卵孵化盛期及第一代幼、若螨发生盛期是药剂防治的关键时期。依据测报结果,当叶均螨数达 3～4 头时即可进行树上喷药,7 月份以后其防治指标可放宽到每叶 5～6 头。

4. 防治方法

（1）农业防治　萌芽前刮除翘皮、粗皮,并集中烧毁,消灭大量越冬虫源。

（2）生物防治　在我国,苹果园控制害螨的天敌资源非常丰富,主要有深点食螨瓢虫、束管食螨瓢虫、陕西食螨瓢虫、小黑花蝽、塔六点蓟马、中华草蛉、晋草蛉、东方钝绥螨、普通盲走螨、拟长毛钝绥螨、丽草蛉、西北盲走螨等。此外,还有小黑瓢虫、深点颏瓢虫、食卵萤螨、异色瓢虫和植缨螨等。在不常喷药的果园天敌数量多,常将叶螨控制在危害水平以下。应减少喷药次数,保护自然天敌。有条件时,可人工饲养、释放捕食螨。

（3）药剂防治

① **出蛰期**　每芽平均有越冬雌成螨 2 头时,喷施 2％硫磺悬浮剂 300 倍液、99％机油乳剂 200 倍液。

② **生长期**　6 月份以前平均每叶活动态螨达 3～5 头,6 月份以后平均每叶活动态螨达 6～8 头时,喷施 24％螺螨酯悬浮剂 4 000 倍液、15％哒螨灵乳油 2 500 倍液、20％三唑锡悬浮剂 2 000 倍液、1.8％阿维菌素乳油 4 000 倍液等。

（二）山楂叶螨

1. 田间诊断

（1）危害症状　雌成螨红色至暗红色,体背前方隆起。卵橙黄色至黄白色,圆球形,被害叶片呈现失绿斑,严重时在叶片背面甚至正面吐丝拉网,叶片焦枯,似火烧状。如图 4-13A、4-13B。

（2）害虫识别

①**卵**　圆球形,春季卵呈橙黄色,夏季卵呈黄白色。如图 4-13C。

②幼螨 初孵幼螨体圆形、黄白色,取食后为淡绿色,3对足。如图4-13D。

③雌成螨 卵圆形,体长0.54～0.59毫米,冬型鲜红色,夏型暗红色。如图4-13E。

④雄成螨 体长0.35～0.45毫米,体末端尖削,橙黄色。如图4-13F。

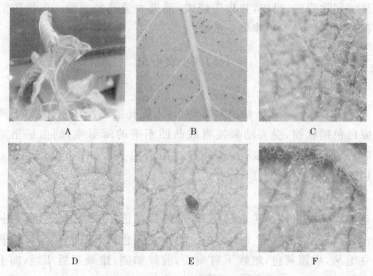

图 4-13 苹果山楂叶螨危害状

2. 发生规律与习性 广泛分布于我国东北、华北、西北、华东等地。北方地区1年发生6～10代,以受精雌成螨在主干、主枝和侧枝的翘皮、裂缝、根颈周围土缝、落叶及杂草根部越冬,翌年苹果花芽膨大时开始出蛰危害。花序分离期为出蛰盛期,苹果盛花前后是产卵高峰期,卵经8～10天孵化,同时有成螨出现,第二代以后世代重叠。5月上旬以前虫口密度较低,6月份成倍增长,到7月份达全年发生高峰,从8月上旬开始,由于雨水较多,加之天敌对其的控制作用,山楂叶螨繁殖受到限制,9～10月份开始出现受精雌成螨越冬。高温干旱条件下发生及危害较为严重。

3. 防治适期 越冬雌成螨出蛰盛期及第一代幼、若螨发生盛期是药剂防治关键时期。依据测报结果,当叶均螨数达3～4头时即可进行树上喷药,7月份以后其防治指标可放宽到每叶5～6头。

4. 防治方法 成虫越冬前树干束草把诱杀越冬雌成螨。萌芽前刮除翘皮、粗皮,并集中烧毁,消灭大量越冬虫源。生物防治和药剂防治可参照苹果全爪螨。

(三)桃小食心虫

1. 田间诊断

(1)危害症状 幼虫蛀害幼果,入果孔溢出泪珠状汁液,干涸成白色蜡状物,受害幼果发育成凹凸不平的畸形果,幼虫钻出果后,果面留有较大虫孔,孔外有时附着虫粪。如图4-14A、图4-14B、图4-14C、图4-14D。

(2)害虫识别

①成虫 体长7毫米左右,身体灰褐色,复眼红褐色,前翅灰白色,中部近前缘有1个金色三角形蓝黑色斑,翅面有7～9簇斜立毛丛,后翅灰色;雌蛾下唇须长,前伸如剑;雄蛾下唇须短,向上弯曲。如图4-14E、图4-14F。

②卵 近圆桶形,初产时黄白色,渐变为橙红色至深红色,卵面密生小点,顶部略宽,卵顶周围有2～3圈"Y"形刺。如图4-14G。

③幼虫 老熟幼虫长约12毫米,纺锤形,头褐色,前胸背板深褐色,身体桃红色。如图4-14H。

④蛹 长约7毫米,黄白色,近羽化时灰黑色。

2. 发生规律与习性 甘肃天水1年发生1代。吉林、辽宁、河北、山西和陕西1年发生2代。山东、江苏和河南1年发生3

图 4-14 桃小食心虫危害状

代。越冬幼虫解除休眠需要通过较长时间的低温,冬茧在 8℃条件下保存 3 个月可顺利解除休眠。自然条件下,春季当旬平均温度达 17℃以上、地温达 19℃、土壤相对含水量在 10‰以上时,幼虫顺利出土。

在辽宁,越冬幼虫一般 5 月上旬破茧出土,出土期延续至 7 月中旬,盛期在 6 月份。出土后在地面做夏茧化蛹,蛹期约半个月。6 月上旬出现越冬成虫,一直延续到 7 月中下旬,发生盛期在 6 月下旬至 7 月上旬。成虫白天在枝叶背面、树下杂草等处爬伏,日落后活动,前半夜比较活跃,后半夜零时至 3 时交尾。交尾后 1～2 天开始产卵,多产于果实萼洼处。雌虫平均产卵 44 粒,卵期一般 7～8 天。第一代卵发生在 6 月中旬至 8 月上旬,盛期为 6 月下旬至 7 月中旬。初孵幼虫有趋光性,集中在果面亮处爬行、寻觅适宜部位蛀入果内。随果实生长,蛀入孔愈合成小黑点,孔周围果面稍凹陷,多虫危害果实发育成凸凹不平的畸形果。幼虫在果内蛀食 20～24 天,老龄后,从里向外咬一较大脱果孔,爬出落地,一部分入土做茧越冬,一部分在地面隐蔽结茧化蛹。蛹经 12 天左右羽化,在果萼洼处产卵发生第二代。第二代卵在 7 月下旬至 9 月上中旬发生,盛期为 8 月上中旬。幼虫孵出后蛀果危害 25 天左右,8 月下旬从果里脱出,在树下土里做冬茧滞育越冬。

3. 防治适期 采用树下盖瓦片或人工埋越冬茧的方法观测和预测越冬幼虫出土时间。成虫发生期预测主要采用性诱剂诱捕雄虫。田间卵量发生的预测采用人工方法,调查 50～100 株树,随机调查 500 个果,当卵果率达 1‰时,即可进行树上喷药防治。

4. 防治方法

(1) 农业防治 冬季翻耕可将越冬幼虫深埋土中,将其消灭。地面盖膜可阻挡越冬幼虫出土和羽化的成虫飞出危害。摘除或拣拾虫果可有效降低园内虫口基数。果实套袋可高效控制食心虫危害。

（2）生物防治 喷施阿维菌素、Bt、绿僵菌、白僵菌等生物农药防治。释放赤眼蜂等天敌。保护甲腹茧蜂、中国齿腿姬蜂等自然天敌。

（3）药剂防治 根据幼虫出土监测，当幼虫出土量突然增加时，即幼虫出土达到始盛期时，应开始第一次地面施药。可用40％毒死蜱微乳剂300倍液，均匀喷洒在树盘内。依据田间系统调查，当卵果率达1％～1.5％时，应立即喷药，2.5％高效氯氟氰菊酯水乳剂3 000～4 000倍液、20％甲氰菊酯微乳剂3 000倍液、2.5％高效氟氯氰菊酯水乳剂3 000倍液等，均有较好防效。

（四）金纹细蛾

1. 田间诊断

（1）危害症状 幼虫蛀入叶背表皮下食害叶肉，后期虫斑呈梭形，长径约1厘米，下表皮与叶肉分离，叶背形成一皱褶，叶正面虫斑呈透明网眼状，虫粪黑色，堆在虫斑内。虫斑表皮干枯、破裂。成虫羽化飞出，蛹壳一半留在羽化孔。如图4-15A。

（2）害虫识别

①卵 扁椭圆形，长约0.3毫米，乳白色。

②幼虫 老熟幼虫体长约6毫米，扁纺锤形，黄色，腹足3对。如图4-15B。

③蛹 体长约4毫米，黄褐色。如图4-15C。

④成虫 体长约2.5毫米，体金黄色。前翅狭长，黄褐色，翅端前缘及后缘各有3条白色和褐色相间的放射状条纹。后翅尖细，有长缘毛。如图4-15D。

2. 发生规律与习性
大部分产区1年发生4～5代，河南省中部地区和山东临沂地区发生6代。以蛹在被害叶中越冬，翌年苹果树发芽前开始羽化。越冬代成虫4月上旬出现，发生盛期在4月下旬。以后各代成虫的发生盛期分别为，第一代在6月中旬，第二代在 7 月中旬,第三代在 8 月中旬,第四代在 9 月下旬,第五代幼虫 10 月底开始在叶内化蛹越冬。春季发生较少。秋季发生较多,危害严重,发生期不整齐,后期世代重叠。

A　　　　　　　　　B

C　　　　　　　　　D

图 4-15　金纹细蛾危害状

3. 防治适期　第一代成虫发生盛末期,即第二代卵盛期为防治关键时期。可依据性诱剂内蛾量判定成虫发生盛期。

4. 防治方法

(1)农业防治　苹果落叶后,结合秋施基肥,清扫枯枝落叶,深埋,消灭落叶中越冬蛹。

(2)生物防治　金纹细蛾寄生蜂较多,有 30 余种,金纹细蛾跳小蜂、金纹细蛾姬小蜂和金纹细蛾绒茧蜂数量较大,各代总寄生率 20％～50％,以金纹细蛾跳小蜂寄生率最高,越冬代约 25％,在多年不喷药果园,其寄生率可达 90％以上。

(3)药剂防治　依据成虫田间发生量测报结果,在成虫连续 3

日曲线呈直线上升状态时,预示即将到达成虫发生高峰期,结合田间危害状调查,适时开展药剂防治。可选用药剂35％氯虫苯甲酰胺水分散粒剂20 000倍液、1.8％阿维菌素乳油3 000倍液、25％灭幼脲悬浮剂2 000倍液等。

(五)苹果小卷叶蛾

1. 田间诊断

(1)**危害症状** 幼虫吐丝缀连叶片,潜居缀叶中食害,新叶受害严重。树上有果实后,常将叶片缀贴在果实上,幼虫啃食果皮及果肉,幼虫舔食的果面呈一个个小洼坑。如图4-16A、图4-16B。

(2)**害虫识别**

①**卵** 扁平椭圆形,淡黄色半透明,数十粒排成鱼鳞状卵块。如图4-16C。

②**幼虫** 身体细长,头较小、淡黄色。小幼虫黄绿色,大幼虫翠绿色。如图4-16D。

③**蛹** 黄褐色,腹部背面每节有刺突两排,下面一排小而密,尾端有8根钩状刺毛。如图4-16E。

④**成虫** 体黄褐色。前翅的前缘向后缘和外缘角有2条浓褐色斜纹,其中一条自前缘向后缘达到翅中央部分时明显加宽。前翅后缘肩角处及前缘近顶角处各有一小的褐色纹。如图4-16F。

2. 发生规律与习性 在我国北方,多数地区1年发生3代。黄河故道、关中及豫西地区,1年发生4代。以幼虫结成白色薄茧潜伏在老树皮缝、老翘皮、剪锯口四周死皮内等处越冬。翌年花器分离时,越冬幼虫开始出蛰,盛花期是幼虫出蛰盛期,前后持续1个月。出蛰幼虫首先爬到新梢危害幼芽、幼叶、花蕾和嫩梢,展枝后吐丝缀叶成"虫包",这时幼虫在"虫包"里贪食不动,称"紧包期"。幼虫非常活泼,稍受惊动即随风飘动(吐丝)转移危害。幼虫老熟后从被害叶片内爬出寻找新叶,卷起居内化蛹,蛹期6～9天,

图 4-16 苹果小卷叶蛾危害状

蛾期 3～5 天,蛹羽化为成虫后 1～2 天即可产卵。单雌蛾可产卵百余粒,卵期 6～8 天,幼虫期 15～20 天。辽南地区各代成虫发生时期为,越冬代成虫初现于 5 月中下旬,盛期为 6 月上旬;第一代成虫 8 月上旬最盛;第二代成虫 9 月上旬最盛,第三代成虫出现很少;一般以幼虫形态于 10 月间开始越冬。雨水较多的年份发生严重,干旱年份发生轻。

3. 防治适期 越冬幼虫出蛰盛期以及以后各代初孵幼虫卷

叶前为防治关键时期。

4. 防治方法

（1）农业防治　早春刮除树干和剪锯口处的翘皮,消灭越冬幼虫。果树生长期,经常用手捏死卷叶中的幼虫,减轻危害。

（2）生物防治　在越冬代成虫产卵盛期,释放松毛虫赤眼蜂进行防治。根据苹果小卷叶蛾性外激素诱捕器诱蛾数,在成虫出现高峰后第三天开始放蜂,以后每隔 5 天放蜂 1 次,共放蜂 4 次。每树放蜂量,第一次 500 头,第二次 1 000 头,第三、第四次均为500 头。喷施苏云金杆菌、杀螟杆菌、白僵菌等微生物农药防治幼虫。保护拟澳赤眼蜂、卷叶蛾苹腹茧蜂、卷蛾绒茧蜂、捕食性蜘蛛等天敌昆虫。

（3）药剂防治　越冬幼虫出蛰期和各代幼虫孵化期是树上喷药适期。在结果树上,越冬幼虫出蛰期的防治指标是每 100 叶丛有虫 2～2.5 头时开始喷药防治。常用药剂有 35％氯虫苯甲酰胺水分散粒剂 15 000 倍液、20％虫酰肼悬浮剂 1 000 倍液、24％甲氧虫酰肼悬浮剂 5 000 倍液等。

（六）绣线菊蚜

1. 田间诊断

（1）危害症状　主要危害新梢,严重时也危害幼果。被害新梢上的叶片凸凹不平并向叶背弯曲横卷;虫量大时,新梢及叶片表面布满黄色蚜虫。如图 4-17A。

（2）害虫识别　无翅胎生雌蚜体黄色至黄绿色,头浅黑色。有翅

A　　　　　　　B

图 4-17　绣线菊蚜危害状

胎生雌蚜体黄褐色。若蚜体鲜黄色。如图 4-17B。

2. 发生规律与习性 1 年发生 10 余代,以卵于枝条的芽旁、枝杈或树皮缝等处越冬,以 2～3 年生枝条的分杈和鳞痕处的皱缝卵量为多。翌年春寄主萌芽时开始孵化为干母,并群集于新芽、嫩梢、新叶叶背开始危害,10 余天后即可胎生无翅蚜虫(即干雌),行孤雌胎生繁殖,全年中仅秋末的最后 1 代行两性生殖。干雌以后产生有翅和无翅后代,有翅型转移扩散。前期繁殖较慢,产生的多为无翅孤雌胎生蚜,5 月下旬可见有翅孤雌胎蚜。6～7 月份繁殖速度明显加快,虫口密度明显提高,出现枝梢、叶背、嫩芽群集蚜虫,多汁的嫩梢是蚜虫繁殖发育的有利条件。8～9 月份雨量较大时,虫口密度会明显下降,至 10 月份开始产生雌、雄有性蚜,并进行交尾、产卵越冬。

3. 防治适期 树体喷药防治的关键时期为苹果春梢和秋梢生长期,蚜虫发生量较大时。

4. 防治方法

(1)农业防治 冬季结合刮老树皮,进行人工刮卵,消灭越冬卵。

(2)生物防治 天敌种类丰富、数量较多,包括瓢虫、草蛉、食蚜蝇、蚜茧蜂、花蝽等。药剂防治时尽量选用专性杀蚜剂,少用广谱性农药。

(3)药剂防治 果树休眠期结合防治幼虫、红蜘蛛等害虫,喷洒 99% 机油乳剂,杀灭越冬卵有较好效果。果树生长期喷布 3% 啶虫脒乳油 1 500 倍液、50% 抗蚜威可湿性粉剂 800～1 000 倍液、10% 吡虫啉可湿性粉剂 5 000 倍液等。

(七)苹果瘤蚜

1. 田间诊断

(1)危害症状 成虫和若虫群集在嫩芽、叶片和幼果上吸食汁液。初期被害嫩叶不能正常展开,后期被害叶片皱缩,叶缘向背面纵卷,并逐渐干枯。如图 4-18。

（2）害虫识别 无翅胎生雌蚜体暗绿色,近纺锤形胸部和腹部背面有黑色横带。有翅胎生雌蚜头部、胸部黑色,额瘤显著。若虫淡绿色,体小,形似无翅雌蚜。

图 4-18 苹果瘤蚜危害状

2. 发生规律与习性 1 年发生 10 余代,以卵在 1 年生枝条芽缝、剪锯口等处越冬。翌年果树芽萌发时,越冬卵孵化,初孵幼蚜群集在芽或叶上危害,经 10 天左右即产生无翅胎生雌蚜及少数有翅胎生雌蚜。自春季至秋季均孤雌生殖,5～6 月份危害最重,盛期在 6 月中下旬。10～11 月份出现有性蚜,交尾后产卵,以卵越冬。

3. 防治适期 越冬卵孵化盛期。

4. 防治方法

（1）农业防治 结合春季修剪,剪除被害枝梢。局部发生时,可通过剪除受害部位或摘除枝梢卷叶来减轻危害。

（2）生物防治 主要有瓢虫、草蛉、食蚜蝇等天敌,瓢虫是其主要捕食类群,尤其是在我国中南部地区,麦收后麦田的瓢虫大多转移到果园,成为抑制蚜虫发生的主要因素,此时应减少喷药,以保护天敌。

（3）药剂防治 重点抓好蚜虫越冬卵孵化期的防治。喷药时期在苹果萌芽至展叶期。常用药剂有 3％啶虫脒乳油 1 500 倍液、50％抗蚜威可湿性粉剂 800～1 000 倍液、10％吡虫啉可湿性粉剂 5 000 倍液等。

(八)苹果绵蚜

1. 田间诊断

(1) **危害症状**　集中于枝干上剪锯口、病虫伤口、裂皮缝、新梢叶腋、短果枝,果柄、果实梗洼和萼洼以及根部危害,被害部位附着蚜虫和寄生组织受刺激形成的肿瘤,其上覆盖大量白色絮状物。挖开受害植株浅层根部可见该虫危害根系形成的根瘤。受害叶片叶柄变黑、叶片粘附蚜虫分泌物,影响光合作用。如图 4-19。

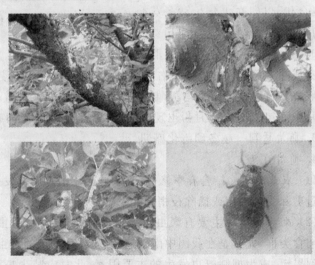

图 4-19　苹果绵蚜危害状

(2) **害虫识别**　无翅孤雌胎生蚜体长 1.8～2.2 毫米,宽 1.2毫米左右,椭圆形,体淡色,无斑纹,体表光滑;头顶骨化粗糙纹;腹部膨大,褐色;腹背具四条纵列的泌蜡孔,分泌白色蜡质丝状物;腹部体侧有侧瘤,着生短毛。在寄主树上严重危害时如挂绵绒。

2. 发生规律与习性　在山西 1 年发生 20 代,山东青岛地区 1

年发生 17~18 代,辽宁大连地区 1 年发生 13 代以上。

以 1~2 龄若蚜在树干伤疤、剪锯口、环剥口、老皮裂缝、新梢叶腋、果实梗洼、地下浅根部越冬,寄主萌动后、旬平均温度达 8℃以上时越冬若虫开始活动,4 月底至 5 月初越冬若虫变为无翅孤雌成虫,以胎生方式产生若虫,每雌可产若虫 50~180 余头,新生若虫即向当年生枝条扩散迁移,爬至嫩梢基部、叶腋或嫩芽处吸食汁液。5 月底至 6 月份为扩散迁移盛期,同时不断繁殖危害,旬平均温度 22℃~25℃时为繁殖最盛期,约 8 天完成 1 个世代,当温度达 26℃以上时,虫量显著下降。到 8 月下旬气温下降后,虫量又开始上升,9 月间一龄若虫又向枝梢扩散危害,形成全年第二次危害高峰,到 10 月下旬以后,若虫爬至越冬部位开始越冬。

有翅蚜在我国 1 年出现 2 次高峰。第一次为 5 月下旬至 6 月下旬,但数量较少。第二次在 9~10 月份,数量较多,产生的后代为有性蚜,有性蚜喜隐蔽在较阴暗的场所,寿命较短,死亡率高达 60%~90%。

3. 防治适期　全年生长期的第一个防治关键时期是果树萌芽后至开花前,可杀灭越冬虫源;第二个关键时期是 5 月下旬,控制扩散危害。

4. 防治方法

(1) 加强检疫　对从国外进境的苗木、接穗和果实应按我国进境植物检疫相关规定进行检疫。

(2) 农业防治　冬季修剪,彻底刮除老树皮,修剪虫害枝条、树干,破坏和消灭苹果绵蚜栖居、繁衍的场所。涂布白涂剂。施足基肥,合理搭配氮、磷、钾比例。适时追肥。冬季及时灌水。避免混栽山楂、海棠等果树,铲除山荆子及其他灌木和杂草,保持果园清洁卫生。

(3) 生物防治　有条件的果园可人工繁殖释放或引放天敌。主要天敌有日光蜂、七星瓢虫、异色瓢虫、草蛉等。7~8 月间,日光蜂寄生率达 70%～80%，对绵蚜有很强抑制作用。

（4）药剂防治　用 40% 毒死蜱水乳剂 1 500 倍液或 48% 毒死蜱乳油 2 500 倍液进行防治。

五、苹果病毒类病害的防控

调查表明，我国苹果产区病毒类病害发生普遍，主要有苹果衰退病、苹果锈果病、苹果花叶病和苹果绿皱果病。苹果衰退病由 3 种潜隐病毒侵染所致，当砧木耐病时，不表现明显症状，但能引起生长衰退、产量下降、品质变劣等慢性危害；当砧木不耐病时，则可见衰退症状发生。苹果花叶病、苹果锈果病和苹果绿皱果病在多数栽培品种上症状明显，花叶病影响树体光合作用，锈果病和绿皱果病造成果实畸形，丧失商品价值。

（一）苹果衰退病

苹果衰退病又名苹果高接衰退病、苹果高接病。

1. 症状　苗木及高接后大树的根、新梢、叶、花、果均表现症状。苗木表现为，接芽枯死，不萌发；萌发后节间缩短，叶片变小，逐渐枯死；萌芽呈莲座状，不抽枝；部分病苗前 1～2 年正常，3 年后叶变小，节间缩短，枝条渐枯死。

2. 病原　由苹果褪绿叶斑病毒、苹果茎痘病毒、苹果茎沟病毒复合或单独侵染所致。

3. 发病规律　嫁接传染，随带毒苗木、接穗和砧木传播蔓延，未发现昆虫和种子传毒。该病发生与所用砧木密切相关，当砧木抗病时，病树症状不明显，但造成慢性危害，使产量减少，果实品质下降，不耐贮藏，需肥量增多。当砧木不抗病时，表现为急性危害，树势急剧衰退，变成小老树或很快死亡。我国苹果砧木中，三叶海棠、圆叶海棠、湖北海棠、锡金海棠等不抗病。山定子对这 3 种病毒抗性较强。

(二)苹果花叶病

1. 症状　叶片上形成各种类型的鲜黄色或黄白色病斑(图 4-20),可分为 5 种类型:

(1)斑驳型　常从小叶脉上开始发生,病斑形状不规则,大小不等,鲜黄色,边缘清晰。有时数个病斑融合一起形成大块病斑。

(2)花叶型　病斑不规则,有较大的浅绿色和深绿色相间的色变,边缘不清晰。

图 4-20　苹果花叶病症状

(3)条斑网纹型　沿叶脉失绿黄化,并蔓延到附近的叶肉组织,有时仅主脉和支脉黄化,变色部分较宽;有时主脉和小叶脉都呈较狭窄的黄化,如网纹状。

(4)镶边型　仅叶边缘黄化。

(5)环斑型　叶上产生圆形、椭圆形鲜黄色环斑,或近似环状斑纹。在自然条件下,各症状类型多在同一树上混合发生。

2. 病原　苹果花叶病毒为球形病毒,有多个株系,寄主范围广,除侵染仁果类果树外,还侵染核果类果树。

3. 发病规律　病树萌芽后不久即表现症状,4~5 月份发展迅速,其后减缓,7~8 月份基本停止发展,甚至出现隐症现象,抽发秋梢后症状又重新发展。严重时,5 月下旬出现落叶,平均减产30％左右。主要通过嫁接传染,种子一般不传毒,但海棠类种子实生苗偶有花叶现象。该病发生受环境条件及寄主生长状况的影响较大,气温 10℃~20℃,光照较强,土壤干旱、树势衰弱时发病较重。不同苹果品种抗病性差异明显,秦冠、白龙、金冠、黄魁、甘露等高度感病；元帅、国光、红星、红玉等轻度感病；印度、祝光、早生旭、大珊瑚等较抗病。

（三）苹果锈果病

苹果锈果病又名花脸病。

1. 症状 主要表现在果实上（图 4-21），可分为 3 种类型：

图 4-21 苹果锈果病症状

（1）锈果型 幼果果顶出现淡绿色油渍状斑，逐渐形成 5 条黄褐色木栓化锈斑，后期锈斑龟裂，果面粗糙，果肉僵硬，不可食，易萎缩脱落。

（2）花脸型 着色后果面散生近圆形黄绿色斑块，成熟后为红绿相间的花脸状。

（3）锈果花脸复合型 果实着色前果顶部形成锈斑，着色后果面出现黄绿色斑块，构成复合型症状。

有些品种（如国光、鸡冠等）苗期或幼龄树新梢也表现症状，叶片反卷，病叶硬而脆，常从叶柄中部断裂，致使叶片脱落；枝干上产生不规则的褐色木栓化锈斑，锈斑表面粗糙、龟裂。

2. 病原 苹果锈果类病毒。

3. 发病规律 通过嫁接和病、健树根部接触传染。病树种子、花粉均不传毒。嫁接接种的潜育期为 3～27 个月，一旦发病，逐年加重。梨树普遍带毒，但不显症状。苹果与梨混栽或相邻发病株率较高。现有的苹果栽培品种，大部分不抗病，少数品种（如金冠、黄魁等）有一定的耐病性。

(四)苹果绿皱果病

1. 症状 见图 4-22。幼果果面出现水渍状凹陷斑,凹陷斑表面逐渐木栓化,呈铁锈色,皮下的维管束弯曲变形,呈绿色。有的病果出现小丘状突起或条状沟,表面也木栓化。有的病果果形正常,但在着色前果面出现浓绿斑痕,斑痕渐木栓化。病果在树上的分布无一定规律,有的整株果实发病,有的仅在部分枝上发病,甚至一个果丛中也兼有病健两种果实。

图 4-22 苹果绿皱果病症状

2. 病原 具嫁接传染性,多认为由病毒引起,但病毒粒体至今未分离纯化,其理化特性不详。

3. 发病规律 嫁接传染,未发现其他传毒介体,接种后 2 年甚至长达 8 年之后发病。

(五)苹果病毒类病害防控措施

1. 栽培无病毒苗木 苹果病毒和类病毒主要通过嫁接传染,随苗木、接穗和砧木等繁殖材料传播扩散,迄今未发现传毒昆虫或其他媒介。苹果树体一旦染病,即终生带毒、持久危害,无法用化学药剂进行治疗。因此,培育和栽培无病毒苗木是目前防治苹果病毒类病害最有效、简便易行的措施。

苹果无病毒苗木繁育必须从无病毒品种及矮化中间砧母本树或采穗树上取接穗,并用种子实生砧作基砧,具体操作见农业行业标准《苹果无病毒苗木繁育规程》(NY/T 328—1997)。按该标准培育出的苹果苗木应按国家标准《苹果无病毒母本树和苗木检疫规程》(GB/T 12943—2007)进行检疫,按农业行业标准《苹果病毒检测技术规范》(NY/T 2281—2012)进行病毒检测,其质量应达到农业行业标准《苹果无病毒母本树和苗木》(NY 329—2006)的要求。

2. 其他防控措施

(1)汰除病苗、病树　加强苹果苗圃和苹果园检查,发现病苗、病树及时刨除,以防树根接触传染。

(2)不在病树上高接换种　现有苹果树大部分潜带病毒,如在其上高接品种,必然被病毒侵染。因此,在进行高接换种时,应选择不带病毒的苹果树。

(3)不与梨树混栽　无病毒苹果树和梨树应相距 100 米以上。同时,禁止在苹果园行间繁育梨苗。

第五章 苹果安全贮运

一、苹果适期采收

(一)采收适期

苹果采收早晚直接影响果实成熟度和品质,也关系到果实耐贮性。采收过早,果实成熟度低,色泽和风味差,组织幼嫩,易受病原菌侵染,贮藏中易诱发虎皮病、苦痘病、失水萎蔫和低温伤害。采收过晚,果实采后很快或已经进入衰老阶段,耐贮性下降,易受微生物侵染,导致腐烂。苹果采收成熟度对其贮藏,特别是长期贮藏影响很大,适当早采可安全贮藏数月甚至周年。苹果成熟度和适宜采收期可根据下述一项或多项指标并结合生产者经验综合确定。

1. 果实外观 果实大小、形状和色泽呈现本品种固有特征,种子开始变褐。

2. 果实发育期 苹果某一品种从落花到果实成熟所经历的天数(即果实发育期)是相对固定的。7个常见品种的果实发育期见表 5-1。因气候差异,不同地区和不同年份之间,同一品种果实发育期可能会稍有差异。

表 5-1 7个常见苹果品种的果实发育期

品 种	红星	金冠	乔纳金	陆奥	王林	国光	富士
生育期(d)	140~150	140~145	155~165	150~160	160~170	160~165	170~175

引自《苹果学》(束怀瑞,1999)。

3. 果实理化指标 国家标准《苹果冷藏技术》(GB/T 8559—2008)针对苹果主要品种规定了采收时的果实硬度和可溶性固形物含量要求,可资参考。用于长期气调贮藏的元帅和金冠苹果,其采收标准参见表5-2。

表5-2 元帅和金冠苹果长期气调贮藏采收标准

(Eugene Kuperman,2000)

采收指标	元 帅	金 冠
果肉硬度(kg/cm^2)	7.7	7.3
淀粉指数(1~6级)	1.6	2.7
可溶性固形物(%)	10.0	11.5
含酸量(%)	0.27	0.7

注:淀粉指数,1级指果实横切面全部染色,6级指果实横切面均未染色(淀粉消失)。

(二)注意事项

采收苹果时,应注意以下事项:一是采前1周,苹果园应停止灌水。二是避免雨天采收和雨后立即采收;若遇雨天,最好在停雨1~2天后采收。三是苹果采收宜在晴天露水已干的凉爽时段进行,早熟品种宜在上午10时前采收。四是下午采收的苹果应放置1夜,翌日早晨7时前入库或装运,以有效降低田间热。五是采收人员应注意个人卫生,采收工具应消毒,采下的苹果不应直接与地面接触。六是做到轻摘、轻放、轻装、轻卸,避免造成机械伤,富士等果皮薄的品种,其果柄应适当剪短。七是采收时或采后入库前,剔出病果、虫果、机械伤及枯枝、落叶等杂物。

二、苹果分级包装

（一）卫生消毒

苹果包装场和包装材料进行卫生消毒是减少苹果采后腐烂的首要环节。在苹果生产先进国家,果实采收后直接进入包装场进行清洗和消毒处理(图 5-1),之后再进入冷藏库、气调库贮藏。苹果包装场应消毒杀菌、保持清洁卫生。苹果清洗和包装过程中剔出的病果、虫果、烂果、枯枝、落叶、泥土等废弃物应及时消毒杀菌和清理。循环使用的包装容器可能附着致病菌,也应消毒杀菌。可资选用的常用消毒杀菌剂有二氧化氯、次氯酸、过氧乙酸、乙酸等(表 5-3)。

图 5-1 苹果采后清洗和包装

表5-3　主要消毒杀菌剂
（Gross K C 等,2004）

消毒杀菌剂	pH 值	敏感性	杀菌方式
次氯酸	6.0～7.5	非常敏感	氧化剂
二氧化氯	6.0～10.0	敏感	氧化剂
过氧乙酸	1.0～8.0	稍敏感	氧化剂
臭氧	6.0～10.0	稍敏感	氧化剂
紫外线	不受影响	稍敏感	破坏 DNA

（二）防腐保鲜

　　苹果防腐保鲜处理应选用高效、低毒防腐保鲜剂,严格按照产品标签规定的剂量、防治对象、使用方法、施药适期、注意事项等施用,不得随意改变。噻菌灵能有效防控青霉病和灰霉病,通常在苹果采后清洗过程中结合抗氧化剂二苯胺一起使用,也可在苹果贮藏期间进行喷雾或在苹果打蜡时混入果蜡中使用。近年来,1-甲基环丙烯在苹果贮藏中使用日益广泛。但金冠苹果使用 1-甲基环丙烯后,如果贮藏条件不当,易出现果实外观质量问题,应予注意。

（三）包装标识

　　所用包装标识应对苹果安全、无毒、无害,农业行业标准《新鲜水果包装标识　　通则》(NY/T 1778—2009)有相关规定,应予遵守。具体而言,一是包装容器应结实、洁净、光滑、无毒、无害,能经受来自上方容器的压力,能经受贮藏和搬运过程中的挤压和振动,能经受预冷、贮藏和运输过程中的高湿;二是包装内不得有异物,包装容器内所用材料应洁净、无毒、无害、不会对苹果造成损伤;三是提供贸易规格信息的材料,其印刷、标记所用油墨和胶水应无毒、无害;四是粘贴在单个苹果上的标签,应保证去除时既不会留下胶水痕迹,也不会导致果皮缺陷。

三、苹果安全贮藏

(一)质量要求

苹果应完好、洁净,无机械伤、病虫害和外来水分。同一批贮藏的苹果,其成熟度应基本一致。用于长期贮藏的苹果,其成熟度不宜过高。具有下列情况的苹果不适于长期贮藏:果实过大,产自幼龄树,产自负载量过低的苹果树,产自氮肥施用过多的苹果树,雨天、雨水和露水未干时段采收的苹果,采后长时间在常温下存放的苹果,采前 15 天之内施肥或灌水的苹果。

(二)库房要求

苹果入库前应对贮藏库(含蒸发器排管和送风道)、包装材料进行消毒灭菌处理,并及时通风换气。常用消毒杀菌剂有二氧化氯、次氯酸、过氧乙酸、乙酸、二氧化硫等。入贮前,库房温度应预先 3~5 天降至 $-2℃$~$0℃$,使库体充分降温蓄冷。对于气调贮藏,还应检查库体的气密性。

(三)入库要求

入库时,应合理安排货位,保证库内空气正常流通。不同品种、不同等级、不同产地的苹果应分别堆放。不与有毒、有害物品混贮。经过预冷的苹果可一次性入库。未经预冷的苹果应分批入库,每批入库量一般不超过库容量的 20%。

（四）贮藏技术

1. 低温冷藏 苹果适宜冷藏温度因品种而异,多数为-1℃～
1℃,易发生冷害的品种为2℃～4℃。苹果入满库后1周之内,库
温应达到该品种的适宜贮藏温度,并保持至贮藏结束,期间温度变
幅不得超过±0.5℃。苹果冷藏的适宜相对湿度为90%～95%。
垛间和包装之间应保证空气流通,但空气流速不应超过0.5
米/秒。定时测定库房温度和湿度,测点选择应具代表性。定期通
风换气,排除库内有害气体成分(如乙烯、乙醇、乙醛等),并防止库
温波动过大。

2. 气调贮藏 贮藏期在6个月以上的苹果和对冷害敏感的
品种,宜采用气调贮藏。苹果气调贮藏的气体成分一般为
1.5%～3%的氧气和1%～3%的二氧化碳,主要苹果品种的适宜
贮藏条件可参考农业行业标准《苹果采收与贮运技术规范》(NY/
T 983—2015)。美国一些苹果品种的气调贮藏技术参数见表5-
4,对于有水心病的苹果(如富士、布瑞本等),氧气浓度应提高至
2.0%～2.5%,以防无氧呼吸和内部褐变。

表 5-4 一些苹果品种的气调贮藏技术参数

(Anne,2002)

品 种	预冷速度	贮藏温度（℃）	氧气浓度（%）	二氧化碳浓度（%）	降氧速度
富 士	分段降温[3]	—	1.5～2.5	<1.0	慢[5]
嘎 啦	快[4]	0.5～1	1.0～1.5	<2.5	快[4]
红元帅[1]	快[4]	0	1.2～1.5	<2.5	快[4]
红元帅[2]	快[4]	0	2.0～2.5	<2.5	中
金 冠	快[4]	0.5～1	1.2～1.5	<2.5	快[4]
乔纳金	快[4]	0.5～1	1.5	<2.5	快[4]

续表 5-4

品　种	预冷速度	贮藏温度（℃）	氧气浓度（%）	二氧化碳浓度（%）	降氧速度
澳洲青苹	快4)	1.0	1.5	<1.0	慢5)
布瑞本	分段降温3)	—	1.5～2.5	<1.0	慢5)
粉红女士	慢5)	0.5～1	1.8～2.0	<1.0	慢5)

注:1)长期贮藏。2)有水心病。3)入库阶段 2.2℃～3.3℃,入满库后 2.2℃,1.1℃贮藏 2～3 周后降低氧气浓度,进入气调状态。4)3 天内。5)5～7 天。

苹果气调贮藏的适宜温度可比普通冷藏高 0.5℃～1℃。苹果入贮封库后 2～3 天内应将库温降至适宜贮藏温度范围内,并保持至贮藏结束,期间温度变幅不得超过±1℃。应尽可能缩小蒸发器与库内环境的温度差,一般为 2℃～4℃。气调库内空气相对湿度应在 90%～95%,必要时可开启加湿器,但加湿应以既保证苹果无明显失水又不至引起苹果染菌发霉为宜。

（五）真菌病害防控

1. 真菌病害种类　苹果采后危害果实的真菌病害主要有青霉病和灰霉病。青霉菌和灰霉菌主要通过碰压伤、刺伤、磨伤等机械伤和枯死果柄入侵果实。青霉病危害成熟和接近成熟的果实;发病初期,果面产生淡黄色或淡褐色圆形水渍状病斑,果肉腐烂呈圆锥状湿腐;遇温湿度适宜,发病迅速,10 余天即全果腐烂,病斑表面产生小瘤状霉点,之后变成青绿色粉状物,腐烂的果实有强烈霉味(图 5-2)。低温高湿和果实衰老情况下易发灰霉病,灰霉病病部呈浅褐色软烂,其上生鼠灰色密集霉层,有霉味。

图 5-2　苹果青霉病危害状

2. 真菌病害防控　彻底清除果园

内的枯枝、落叶、病果、虫果、僵果、烂果,搞好果园采前杀菌。采收时和入库前,剔除病果、虫果、机械损伤果及枯枝、落叶等杂物。苹果包装、贮藏场所及时消毒,妥善处理病果、烂果。采收、包装、贮藏和搬运过程中避免对果实造成机械损伤。采用低温冷藏或气调贮藏。采摘工具、包装容器、贮藏和运输设施应清洁卫生,注意消毒。

(六)真菌毒素控制

苹果贮藏和流通环节是真菌病害发生和产毒的主要阶段。扩展青霉是引起苹果采后腐烂的主要病原菌,其次生代谢物为展青霉素,又称展青霉毒素、棒曲霉素。展青霉素具有致畸、致癌、影响生育和免疫等危害,也是一种神经毒素。除展青霉外,苹果还易被链格孢霉侵染,受到链格孢霉毒素污染。互隔交链孢霉是最主要的链格孢霉毒素产生菌。解决苹果真菌毒素污染,关键是保持果实抗病性,防止果实衰老,减少果实机械损伤,通过冷藏、气调贮藏、使用防腐保鲜剂等控制真菌病害的危害。

四、苹果安全运输

(一)质量要求

苹果应完好、洁净,无机械损伤、病虫害和外来水分。同一批运输的苹果,成熟度应基本一致。用于长途运输的苹果成熟度不宜过高。

(二)卫生要求

包装容器和包装材料应清洁、卫生、无毒、无味、光滑,不会对苹果造成污染和伤害。包装内不得有枝、叶、砂、石、尘土及其他异物。苹果不与其他物品混装、混运。运输工具应清洁、干燥、无毒、无味、便于通风,装运前进行必要的消毒处理。运输活体动物、畜禽产品和有毒物质的车辆不得用于运输苹果。

(三)堆码要求

堆码时,货件不应直接接触车的底板和壁板,与底板和壁板之间应留有间隙。对低温敏感的品种,货件不能紧靠机械冷藏车的出风口、加冰制冷车的冰箱挡板,以免出现低温伤害。冷藏运输时,应保证车内温度均匀,每件货物均可接触到冷空气。保温运输时,应确保货堆中部和四周温度适中,防止货堆中部集热、四周受冻。

(四)运输要求

轻装、轻卸,适量装载,平稳行车,快装快运。运输过程中尽量减少振动,保证适当的低温(以 3℃~5℃为宜)。对于采收后不经贮藏直接长途运输的苹果,运输前应进行预冷处理,消除果实的田间热。苹果长途运输应采取必要的保湿措施,并进行通风换气,防止有害气体累积,造成果实伤害。

第六章　苹果质量安全要求

苹果质量安全要求主要包括质量要求和安全要求两个方面。其中,质量要求包括外观品质、内在品质和理化品质三个方面,安全要求包括污染物含量和农药残留两个方面。

一、苹果的质量要求

(一)我国对苹果质量的要求

我国已制定6项有关苹果质量要求的国家标准和行业标准,在苹果生产和流通中可资选用。6项标准分别是国家标准《鲜苹果》(GB/T 10651—2008)、国内贸易行业标准《预包装鲜苹果流通规范》(SB/T 10892—2012),以及农业行业标准《苹果等级规格》(NY/T 1793—2009)、《加工用苹果》(NY/T 1072—2013)、《苹果品质指标评价规范》(NY/T 2316—2013)和《农作物优异种质资源评价规范　苹果》(NY/T 2029—2011)。

1. 鲜苹果　执行国家标准《鲜苹果》(GB/T 10651—2008)。该标准2008年5月4日发布,2008年10月1日实施,适用于富士系、元帅系、嘎啦系等品种以鲜果供给消费者的苹果,用于加工的苹果除外。其他未列入的品种也可参照执行。

(1)基本要求　具有本品种固有的特征和风味。具有适于市场销售或贮藏要求的成熟度。果实完整良好,新鲜洁净,无异味或非正常风味。不带非正常的外来水分。

(2)质量等级要求　鲜苹果质量分为3个等级,各等级要求见表6-1。

表 6-1 鲜苹果质量等级要求

指　标		优　等	一　等	二　等
果　形		具有本品种应有的特征	允许果形有轻微缺点	果形有缺点,但仍保持本品种基本特征,不得有畸形果
色　泽		红色品种的果面着色比例见表6-2;其他品种应具有本品种成熟时应有的色泽		
果　梗		果梗完整(不包括商品化处理造成的果梗缺损)	果梗完整(不包括商品化处理造成的果梗缺损)	允许果梗轻微损伤
果面缺陷	刺伤	无	无	无
	碰压伤	无	无	允许轻微碰压伤,总面积≤1cm²,其中最大处面积≤0.3cm²,伤处不得变褐色,对果肉无明显伤害
	磨伤(枝磨、叶磨)	无	无	允许不严重影响果实外观的磨伤,总面积≤1cm²
	日灼	无	无	允许浅褐色或褐色,总面积≤1cm²
	药害	无	无	允许果皮浅层伤害,总面积≤1cm²
	雹伤	无	无	允许果皮愈合良好的轻微雹伤,总面积≤1cm²
	裂果	无	无	无
	裂纹	无	允许梗洼或萼洼内有微小裂纹	允许有不超出梗洼或萼洼的微小裂纹

续表 6-1

指标		优 等	一 等	二 等
果面缺陷	病虫果	无	无	无
	虫 伤	无	允许虫伤不超过2处,总面积≤0.1cm²	允许干枯虫伤,总面积≤1cm²
	其他小疵点	无	允许不超过5个	允许不超过10个
果锈	褐色片锈	无	允许不超出梗洼的轻微锈斑	允许轻微超出梗洼和萼洼的锈斑
	网状浅层锈斑	允许轻微而分离的平滑网状不明显锈痕,总面积不超过果面的1/20	允许平滑网状薄层,总面积不超过果面的1/10	允许轻度粗糙的网状果锈,总面积不超过果面的1/5
果实横径(mm)	大型果	≥70		≥65
	中小型果	≥60		≥55

注:二等品果面缺陷不超过4项。苹果达到成熟度时,应符合基本的内在质量要求,15个品种的果实硬度和可溶性固形物指标参见表6-3。刺伤含破皮划伤。果实横径指果实最大横截面的直径。

表 6-2　主要苹果品种的色泽等级要求

品 种	优 等	一 等	二 等
富士系	红或条红90%以上	红或条红80%以上	红或条红55%以上
嘎啦系	红80%以上	红70%以上	红50%以上
藤牧1号	红70%以上	红60%以上	红50%以上
元帅系	红95%以上	红85%以上	红60%以上
华 夏	红80%以上	红70%以上	红55%以上
粉红女士	红90%以上	红80%以上	红60%以上
乔纳金	红80%以上	红70%以上	红50%以上
秦 冠	红90%以上	红80%以上	红55%以上
国 光	红或条红80%以上	红或条红60%以上	红或条红50%以上

续表 6-2

品 种	优 等	一 等	二 等
华 冠	红或条红 85％以上	红或条红 70％以上	红或条红 50％以上
红将军	红 85％以上	红 75％以上	红 50％以上
珊 夏	红 75％以上	红 60％以上	红 50％以上
金冠系	金黄色	黄色、绿黄色	黄色、绿黄色、黄绿色
王 林	黄绿色或绿黄色	黄绿色或绿黄色	黄绿色或绿黄色

表 6-3　主要苹果品种的理化指标参考值

品 种	果实硬度（kg/cm²）	可溶性固形物（％）
富士系	≥7	≥13
嘎啦系	≥6.5	≥12
藤牧 1 号	≥5.5	≥11
元帅系	≥6.8	≥11.5
华 夏	≥6	≥11.5
粉红女士	≥7.5	≥13
澳洲青苹	≥7	≥12
乔纳金	≥6.5	≥13
秦 冠	≥7	≥13
国 光	≥7	≥13
华 冠	≥6.5	≥13
红将军	≥6.5	≥13
珊 夏	≥6	≥12
金冠系	≥6.5	≥13
王 林	≥6.5	≥13

注：未列入的其他品种，可根据品种特性参照表内近似品种的规定掌握。

2. 预包装鲜苹果 执行国内贸易行业标准《预包装鲜苹果流通规范》(SB/T 10892—2012)。该标准 2013 年 1 月 4 日发布，2013 年 7 月 1 日实施,适用于富士系、嘎啦系、金冠系、元帅系、秦冠、国光等预包装鲜苹果的经营和管理,其他品种预包装鲜苹果的流通可参照执行。

(1)品质基本要求 具有本品种固有的果形、硬度、色泽、风味等特征。具有适于市场销售的食用成熟度。果形完整良好,果梗完整,无异臭或异味,无不正常的外来水分。

(2)商品等级 在符合品质基本要求的前提下,同一品种的鲜苹果依据新鲜度、完整度、均匀度、色泽和果径分为一级、二级和三级,各等级要求见表 6-4。

表 6-4　预包装鲜苹果等级

指　标	一　级	二　级	三　级
新鲜度	色泽自然鲜亮,表皮无皱缩,果梗、果肉新鲜	色泽自然鲜亮,表皮无皱缩,果梗、果肉新鲜	色泽较好,表皮可有轻微皱缩,果梗、果肉较新鲜
完整度	果形端正,果面光滑,无果锈,果面无缺陷	果形完好,果面光滑,无果锈;单个果实果面斑点缺陷总面积≤0.25cm²,果面缺陷数不超过 2 个;同一预包装中有果面缺陷的鲜苹果个数不超过10%	果形完整,可有轻微畸形,果面较光滑,允许有轻微果锈;单个果实果面斑点缺陷总面积≤1 cm²,且伤处不变色;同一预包装中有果面缺陷的鲜苹果个数不超过10%

续表 6-4

指　标		一　级	二　级	三　级
均匀度		颜色、果形、大小均匀一致,同一包装中苹果果径差最大为 2.5mm	颜色、果形、大小较均匀,同一包装中苹果果径差最大为 2.5mm;非分层包装的一等苹果果径差最大为 10mm	颜色、果形、大小尚均匀,同一包装中非分层包装的一等苹果果径差最大为 10mm;非分层包装的二等苹果果径差不限
色　泽		着色面积≥95%	着色面积≥80%	着色面积≥70%
果实横径(mm)	大型果	≥85	≥75	≥70
	中型果	≥70	≥65	≥60
	小型果	≥65	≥60	≥55

注:苹果主要品种见表 6-5。

表 6-5　苹果主要品种

果　型	品　种
大型果	富士系、秦冠、大国光、元帅系、金冠系、赤阳、迎秋
中型果	嘎啦系、国光、红玉、鸡冠
小型果	红魁、黄魁、早金冠、小国光

3. 苹果等级规格　执行农业行业标准《苹果等级规格》(NY/T 1793—2009)。该标准 2009 年 12 月 22 日发布,2010 年 2 月 1 日实施,适用于鲜苹果的分等分级。

(1)等　级

①基本要求　完好,洁净,无害虫、虫伤、病疤,无异常外部水分,无异味。充分发育,达到市场和运输贮藏所要求的成熟度。

②等级划分　在符合基本要求的前提下,苹果分为特级、一级和二级,各等级要求见表 6-6。

表 6-6 苹果等级

指标		特 级	一 级	二 级
果 形		具有本品种的固有特征	允许轻微缺陷	有缺陷,但仍保持本品种的基本特征
色泽	鲜红或浓红品种	果面至少 3/4 着红色	果面至少 1/2 着红色	果面至少 1/4 着红色
	淡红或条红品种	果面至少 1/2 着红色	果面至少 1/3 着红色	果面至少 1/5 着红色
果锈	褐色片锈	不粗糙,不超出梗洼	不粗糙,可轻微超出梗洼和萼洼	轻微粗糙,可超出梗洼和萼洼
	网状薄层	轻微而分离的果锈痕迹,未改变果实的整体外观	不超过果面的 1/5	不超过果面的 1/3
	重锈斑	无	不超过果面的 1/10	不超过果面的 1/3
缺 陷		允许有不影响果实总体外观、品质、耐贮性和在包装中摆放的非常轻微的表面缺陷	允许有不影响果实总体外观、品质、耐贮性和在包装中摆放的下列轻微缺陷	允许不改变果实品质、耐贮性和摆放方面基本特性的下列缺陷
①轻微碰压伤		无	未变色,总面积≤1cm²	轻微变色,总面积≤1.5cm²
②果皮缺陷		无	总长度≤2cm;疮疤总面积≤0.25cm²,其他缺陷总面积≤1cm²	总长度≤4cm;疮疤总面积≤1cm²,其他缺陷总面积≤2.5cm²

注:主要品种色泽分类参见表 6-7。金锈、橘苹等果锈为其果皮特征的品种,不受本表果锈指标的限制。"网状薄层"果锈应与果实整体色泽对比不明显。

表 6-7 主要苹果品种的色泽分类

品种类型	品种名称
鲜红或浓红品种	元帅系品种、着色系富士品种、嘎啦红色芽变品种、粉红女士、寒富、红将军、乔纳金及其芽变品种等
淡红或条红品种	富士、国光、藤牧 1 号等
绿色或黄色品种	澳洲青苹、金冠、金矮生、陆奥、王林等

（2）规格　以苹果横径作为规格划分指标，详见表6-8。

表6-8　苹果规格划分指标

品　　种	小（S）	中（M）	大（L）
大型果品种	＜65mm	65～70mm	＞70mm
其他品种	＜55mm	55～60mm	＞60mm

注：主要品种大小分类参见表6-9。包装容器内苹果果径差异，层装苹果不超过

5mm，散装苹果不超过10mm。

表6-9　主要苹果品种的果径分类

品种类型	品种名称
大型果品种	乔纳金及其芽变品种、富士及其芽变品种、元帅系品种、寒富、红将军、澳洲青苹、金冠、金矮生、陆奥、王林等
其他品种	嘎啦及其芽变品种、红玉、国光、藤牧1号、粉红女士、辽伏等

4. 加工用苹果　执行农业行业标准《加工用苹果》（NY/T 1072—2013）。该标准2013年5月20日发布，2013年8月1日实施。

（1）基本要求　成熟，完整，新鲜洁净，无霉烂、异味和病虫害。

（2）制醋用苹果　符合基本要求的规定。

（3）制干用苹果　符合基本要求的规定。果实横径≥60毫米，外形规则，果心大小（果心横径与果实横径之比）不超过1/3，肉质致密，加工过程中无明显褐变现象，干物质含量≥12％。

（4）制汁用苹果　符合基本要求的规定。加工过程中无明显褐变现象，出汁率≥60％。

（5）罐装用苹果　符合基本要求的规定。大小符合表6-10的要求，果形圆整，无畸形果，果心大小不超过1/3，果肉白色或黄白色、致密、耐煮制、加工过程中无明显褐变现象，风味浓。

表 6-10　罐装用苹果大小分级

等　级	一　级	二　级	三　级
果实横径（mm）	60～70	71～75	76～80

（6）制酒用苹果　符合基本要求的规定。肉质紧密,出汁率≥60％,单宁和可滴定酸含量见表 6-11。

表 6-11　制酒用苹果单宁和可滴定酸含量要求

品种类型	苦　涩	甜　苦	甜	酸	高　酸
单宁（％）	＞0.3	0.2～0.3	＜0.2	＜0.2	＜0.2
可滴定酸（％）	—	＜0.3	＜0.3	0.4～0.6	＞0.6

（7）制酱用苹果　符合基本要求的规定。果心大小不超过1/3,加工过程中无明显褐变现象。

5. 苹果品质指标评价　执行农业行业标准《苹果品质指标评价规范》(NY/T 2316—2013)。该标准 2013 年 5 月 20 日发布,2013 年 8 月 1 日实施。

（1）苹果外观品质指标评价

①果实大小评价　随机抽取 10 个果实,称重,计算平均单果重,根据表 6-12 确定果实大小。

表 6-12　苹果果实大小评价标准

平均单果重(g)	＜50	50.1～110	110.1～180	180.1～250	＞250
评价	极　小	小	中	大	极　大

② 果实形状评价　果实从中间纵切,目测断面形状,参照图6-1,按最大相似原则确定果实形状。

③果面光滑度评价　目测和用手触摸果实表面,参照图 6-2,

按最大相似原则确定果面光滑度。

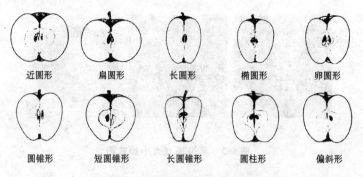

近圆形　　扁圆形　　长圆形　　椭圆形　　卵圆形

圆锥形　　短圆锥形　　长圆锥形　　圆柱形　　偏斜形

图 6-1　苹果果实形状模式图

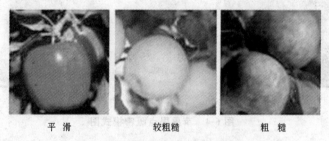

平　滑　　　　　较粗糙　　　　　粗　糙

图 6-2　苹果果面光洁度模式图

　　④果点大小和疏密评价　目测果实胴部,参照图 6-3,按最大相似原则确定果点大小;参照图 6-4,按最大相似原则确定果点疏密。

　　⑤果实颜色评价　目测,参照图 6-5,按最大相似原则确定果实颜色。非着色品种观测底色,着色品种观测盖色。

　　⑥锈量多少评价　随机抽取 10 个果实,目测梗洼、萼洼和胴部的果锈分布面积比例(以 10 个果实的平均值计),根据表 6-13确定梗洼锈量多少,根据表 6-14 确定萼洼锈量多少,根据表 6-15

确定胴部锈量多少。

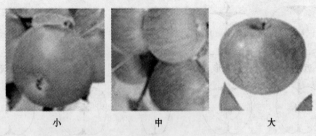

小　　　　　　　中　　　　　　　大

图 6-3　苹果果点大小模式图

疏　　　　　　　中　　　　　　　密

图 6-4　苹果果点疏密模式图

表 6-13　苹果梗洼锈量多少评价标准

分布面积比例	0	<1/4	1/4～1/2	>1/2
评价	无	少	中	多

表 6-14　苹果萼洼锈量多少评价标准

分布面积比例	0	<1/4	1/4～1/2	>1/2
评　价	无	少	中	多

绿　　　　　黄绿　　　　　绿黄

橙红　　　　淡红　　　　鲜红　　　　红

浓红　　　　暗红　　　　淡紫红　　　　紫红

图 6-5　苹果果实颜色模式图

表 6-15　苹果胴部锈量多少评价标准

分布面积比例	0	<1/10	1/10~1/4	>1/4
评　价	无	少	中	多

（2）苹果内在品质指标评价

①果心大小评价　随机抽取 10 个果实,沿果实最大横径处一次性切开,参照图 6-6,观察心室外端达到果实半径的相对位置（以 10 个果实的平均值计）,根据表 6-16 确定果心大小。

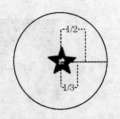

图 6-6　苹果果心大小模式图

表 6-16　苹果果心大小评价标准

心室外端达到果实半径的相对位置	评　价
小于果实半径的 1/3	小
占果实半径的 1/3～1/2	中
超过果实半径的 1/2	大

②果肉颜色评价　将果实剖开,立即目测果肉,参照图 6-7,按最大相似原则确定果肉颜色。

　　白　　　　　绿白　　　黄白　　　　黄　　　　　红

图 6-7　苹果果肉颜色模式图

③果肉质地评价　切取果肉,品尝,参照表 6-17,按最大相似原则确定果肉质地。

表 6-17　苹果果肉质地参照品种

品　种	果肉质地
黄魁、红魁、早黄	松　软

续表 6-17

品　种	果肉质地
白彩苹、红彩苹、花彩苹	绵　软
乔纳金、津轻、富士	松　脆
国光、橘苹、澳洲青苹	硬　脆
青香蕉、印度、紫玉	硬

④果肉粗细评价　切取果肉,品尝,参照表 6-18,按最大相似原则确定果肉粗细。

表 6-18　苹果果肉粗细参照品种

品　种	倭锦、红宝、耶维林	乔纳金、国光、澳洲青苹	富士、元帅、新嘎啦
果肉粗细	粗	中	细

⑤汁液多少评价　切取果肉,品尝,参照表 6-19,按最大相似原则确定汁液多少。

表 6-19　苹果汁液多少参照品种

品　种	早生赤、印度、诺达	澳洲青苹、青香蕉、赤阳	富士、津轻、国光
汁液多少	少	中	多

⑥风味评价　切取果肉,品尝,参照表 6-20,按最大相似原则确定风味。

表 6-20　苹果风味参照品种

品　种	风　味
印度、青香	甜
艳红、耶维林	淡　甜

续表 6-20

品　种	风　味
元帅、橘苹	酸　甜
富士、金冠	酸甜适度
旭、巴土尔	甜　酸
萨莫、自由	微　酸
黄魁、约士基	酸
冬青、磅	极　酸
果　红	涩
大陆 52 号	酸　涩

注：各品种的风味均为果实达到适采成熟度时的风味。

⑦香气评价　切取果肉，经鼻嗅和品尝，参照表 6-21，按最大相似原则确定香气浓淡。

表 6-21　苹果香气参照品种

品　种	国光、红绞、金星	富士、初秋、森马兰	元帅、金冠、银红
香　气	无	淡	浓

⑧异味评价　切取果肉，经鼻嗅和品尝，确定果肉有无涩味、粉香味、酒味等气味。

（3）苹果理化品质指标评价规范

①果实硬度评价　随机抽取 10 个果实，参照《水果硬度的测定》(NY/T 2009—2011)用果实硬度计测定去皮硬度，计算平均值，按表 6-22 确定果实硬度高低。

表 6-22　苹果果实硬度评价标准

去皮硬度 （kg/cm²）	<5.0	5.0～7.4	7.5～9.4	9.5～10.9	>10.9
评　价	极　低	低	中	高	极　高

②可溶性固形物含量评价 随机抽取 10 个果实,参照《水果和蔬菜可溶性固形物含量的测定 折射仪法》(NY/T 2637—2014)测定可溶性固形物含量,根据表 6-23 确定可溶性固形物含量高低。

表 6-23 苹果可溶性固形物含量评价

可溶性固形物(%)	<9.0	9.0~10.9	11.0~13.9	14.0~16.9	>16.9
评 价	极 低	低	中	高	极 高

③可溶性糖含量评价 随机抽取 10 个果实,四分法取可食部分,切碎,混匀,用组织捣碎机制成匀浆,可参照《蔬菜及其制品中可溶性糖的测定铜还原碘量法》(NY/T 1278—2007)或《水果及制品可溶性糖的测定 3,5-二硝基水杨酸比色法》(NY/T 2742—2015)测定可溶性糖含量,根据表 6-24 确定可溶性糖含量高低。

表 6-24 苹果可溶性糖含量评价标准

可溶性糖(%)	<8.0	8.0~8.9	9.0~9.9	10.0~10.9	>10.9
评 价	极 低	低	中	高	极 高

④可滴定酸含量评价 随机抽取 10 个果实,四分法取可食部分,切碎,混匀,用组织捣碎机制成匀浆,按《食品中总酸的测定》(GB/T 12456—2008)测定可滴定酸含量,根据表 6-25 确定可滴定酸含量高低。

表 6-25 苹果可滴定酸含量评价标准

可滴定酸(%)	<0.20	0.20~0.39	0.40~0.69	0.70~0.89	>0.89
评 价	极 低	低	中	高	极 高

⑤维生素 C 含量评价　随机抽取 10 个果实,四分法取可食部分,切碎,混匀,用组织捣碎机制成匀浆,按《水果、蔬菜维生素 C 含量测定法（2，6-二氯靛酚滴定法》）(GB/T 6195—1986)测定维生素 C 含量,根据表 6-26 确定维生素 C 含量高低。

表 6-26　苹果维生素 C 含量评价标准

维生素 C (mg/100g)	<1.0	1.0～2.9	3.0～4.9	5.0～7.9	>7.9
评　价	极　低	低	中	高	极　高

（4）苹果耐贮性评价　将果实置于室温条件下贮藏,记录果实保持鲜食品质的最长日数,根据表 6-27 确定其耐贮性。

表 6-27　苹果耐贮性评价标准

最长贮藏日数 (d)	<21	21～60	61～120	121～180	>180
评　价	极　弱	弱	中	强	极　强

6. 苹果优异种质资源　执行农业行业标准《农作物优异种质资源评价规范　苹果》(NY/T 2029—2011)。该标准 2011 年 9 月 1 日发布,2011 年 12 月 1 日实施,适用于苹果优异种质资源评价。

（1）苹果优异种质资源　品质指标见表 6-28。

表 6-28　苹果优异种质资源品质指标

性　状	指　标
单果重	早熟种质≥100 g;中熟种质≥150 g;晚熟种质≥200 g
果形指数	≥0.8

2. UNECE 苹果质量标准 联合国欧洲经济委员会(United Nations Economic Commission for Europe,UNECE)成立于1947年,是联合国五个区域委员会之一,主要职责是促进成员国之间的经济合作。为促进国际贸易,UNECE制定了全球性的农业质量标准。这些标准鼓励优质生产、增加效益和保护消费者利益,为各国政府、生产者、进口商、出口商以及其他国际组织所采用。UNECE新鲜水果标准由其第7工作组"农业质量标准工作组"负责,现已制定苹果、梨、葡萄等近20种新鲜水果的质量标准。现行UNECE标准《APPLES(苹果)》(UNECE STANDARD FFV—50)为2014年版,对苹果质量和大小均做出了明确规定,适用于鲜销苹果,不适用于加工用苹果。

(1)质量规定

①最低要求 完整。完好,无腐烂或变质致使不适于食用的果实。洁净,基本无可见异物。基本无害虫。无影响果肉的虫害损伤。除富士及其突变品种外,无严重水心。无不正常外部水分。无异味。发育和状态应使其能经受运输和搬运,并以令人满意的状态抵达目的地。

②成熟要求 充分发育,呈现令人满意的成熟度。其发育和状态应使其能继续完成成熟过程,并达到品种特征所要求的成熟度。最低成熟度要求可用多个参数加以确定,如形态、风味、硬度和可溶性固形物指标。

③分级

a)特级:优质。具本品种特征。果梗完整。达到本品种特有的最低果面着色度(A类品种果面3/4着红色;B类品种果面1/2着红色;C类品种果面1/3着浅红色;D类品种无着色要求。各类品种详见标准原文)。果肉完好无损。除不影响产品整体外观、质量、贮藏性和包装的非常轻微的表面缺陷外,无其他缺陷(这些非常轻微的缺陷包括非常轻微的果皮缺陷;非常轻微的果锈,例如未

续表 6-28

性 状	指 标
果面光滑度	较平滑、平滑
果肉粗细	细、中
汁液多少	多
可溶性固形物	早熟种质≥11%;中熟种质≥12%;晚熟种质≥13%

(2)苹果特异种质资源 品质指标见表6-29。

表 6-29 苹果特异种质资源品质指标

性 状	指标(参照品种)
单果重	≥350 g(世界一)
果形指数	≥1.1(克里斯克)
果肉颜色	红(淡红、淡紫红、紫红)(红肉苹果)
耐贮性	贮藏期≥200d(澳洲青苹)

(二)国际组织对苹果质量的要求

1. CAC 苹果质量标准 国际食品法典委员会(Codex Alimentarius Commission,CAC)由联合国粮农组织(Food and Agriculture Organization of the United Nations,FAO)和世界卫生组织(World Health Organization,WHO)于1963年联合成立,是全球唯一协调政府间食品安全标准化工作的国际组织,负责制定协调一致的国际食品标准、指南和操作规程,以保护消费者健康和确保食品公平贸易。CAC也负责促进国际上各政府间组织和非政府组织所承担的食品标准工作之间的协调。CAC制定的国际食品法典标准被世界贸易组织(WTO)认可为国际食品贸易仲裁的重要参考依据,也是国际上食品质量安全问题最重要的参考资料。

CAC 新鲜水果和蔬菜委员会(Codex Committee on Fresh Fruits and Vegetables,CCFFV)制定有国际食品法典标准《CO-DEX STANDARD FOR APPLES(苹果)》(CODEX STAN 299—2010)。该标准对苹果质量和大小做出了明确规定,适用于鲜销苹果,不适用于加工用苹果。

(1)质量规定

①最低要求　完整。可无果梗,但果梗脱落处应洁净,附近果皮无损伤。完好,无腐烂或变质致使不适于食用的果实。硬实。洁净,基本无可见异物。基本无害虫及其造成的影响果实外观的损伤。无异常外部水分,但从冷藏条件下取出后出现的凝结水除外。无异味。无低温和/或高温造成的损害。基本无失水迹象。具有本品种在该栽植区所固有的色泽。发育和状态应使其能经受运输和搬运,并以良好状态抵达目的地。

②成熟要求　达到能使其继续完成成熟过程的发育阶段,并能使其达到本品种特征所要求的成熟阶段。可考虑采用形态、硬度和可溶性固形物指标对最低成熟度要求加以确定。

③分　级

a)特级　优质;果肉完好;具本品种特征;除不影响产品整体外观、质量、贮藏性和包装的非常轻微的表面缺陷外,无其他缺陷。果皮和其他缺陷应不超过表 6-30 的规定。

表 6-30　最大允许缺陷

允许缺陷		特　级	一　级	二　级
萼洼/梗洼之外的果锈a)	网状	表面积的 3%	表面积的 20%	表面积的 50%
	片状	表面积的 1%	表面积的 5%	表面积的 33%
两种锈斑之和不超过		表面积的 3%	表面积的 20%	表面积的 50%

续表 6-30

允许缺陷	特　级	一　级	二　级
瑕疵和擦伤:	0.5cm²	1.0cm²	1.5cm²b)
—轻微变色;			
—黑星病疤;		0.25cm²	1.0 cm²
—其他缺陷/瑕疵(含愈合雹伤)		1.0cm²	2.5cm²
已愈合梗洼或萼洼裂口	—	0.5cm	1cm
最大条形缺陷长度	—	2cm	4cm

注:a)锈斑可简单描述为苹果皮上褐色的粗糙区域或条纹;对有的苹果,果锈是品种特征,而对其他品种,果锈则是质量缺陷;表中的果锈允许值适用于果锈不是品种特征的苹果。b)允许有别于果皮颜色的变色和深色瘢痕。

b)一级　品质良好;果肉完好;具本品种特征。允许有下列不影响产品整体外观、质量、贮藏性和包装的轻微缺陷:轻微的果形和发育缺陷;轻微着色缺陷;轻微的果皮缺陷或其他缺陷(表 6-30)。

c)二级　达不到特级和一级要求,但符合最低要求。在保□质量、贮藏性和包装方面本品种基本特征的前提下,允许下列□陷:果形和发育缺陷;着色缺陷;果皮缺陷或其他缺陷(表 6-30□

④着色　下列颜色代码(表 6-31)可用于绿色苹果和□果之外的苹果品种。

表 6-31　苹果颜色代码

代　码	A	B	C
颜色百分比	≥75%	≥50%	≥25%

(2)大小规定　苹果大小用最大横截面直径或□所有品种和所有等级,最小横径为 60 毫米,最小单□允许更小的果实,但可溶性固形物含量应≥10.□小于 50 毫米(横径)或 70 克(单果重)。

超出梗洼、不粗糙的褐色锈斑,轻微而分离的锈痕)。

　　b)一级:品质良好。具本品种特征。达到本品种特有的最低果面着色度(A类品种果面1/2着红色;B类品种果面1/3着红色;C类品种果面1/10着浅红色、红晕或红条纹;D类品种无着色要求)。果肉完好无损。允许不影响产品整体外观、质量、贮藏性和包装的轻微缺陷:轻微果形缺陷;轻微发育缺陷;轻微着色缺陷;面积不超过1厘米^{2}的未变色轻微擦伤;轻微果皮缺陷(条形缺陷长度不超过2厘米;除黑星病斑之外的其他缺陷总面积不超过1厘米^2,黑星病斑面积累计不超过0.25厘米^2);轻微果锈(例如,不超出梗洼和萼洼、不粗糙的褐色片锈,不超过果面1/5、与果面整体色泽对比不强烈的网状薄层,不超过果面1/20的稠密果锈,面积之和不超过果面1/5的网状薄层和稠密果锈)。可无果梗,但果梗脱落处应洁净,附近果皮无损伤。

　　c)二级:达不到特级和一级要求,但符合最低要求。果肉无严重缺陷。在保持质量、贮藏性和包装方面基本特征的前提下,允许下列缺陷:果形缺陷;发育缺陷;着色缺陷;面积不超过1.5厘米^2、轻微变色的轻微果锈;果皮缺陷(条形缺陷长度不超过4厘米;除黑星病斑之外的其他缺陷总面积不超过2.5厘米^2,黑星病斑面积累计不超过1厘米^2);轻微果锈(例如,可超出梗洼和萼洼、可轻微粗糙的褐色片锈,不超过果面1/2、与果面整体色泽对比不强烈的网状薄层,不超过果面1/3的稠密果锈,面积之和不超过果面1/2的网状薄层和稠密果锈)。

　　(2)大小规定　苹果大小用最大横截面直径或单果重表示。果实大小最低要求为60毫米(横径)或90克(单果重)。允许更小的果实,但可溶性固形物应≥10.5°Brix,果实且不小于50毫米(横径)或70克(单果重)。

　　为确保大小一致,同一包装中的果实:特级以及排装和层装的一级、二级,横径差异不得超过5毫米,单果重差异应符合表6-32

的规定;销售包装或散装的一级,横径差异不得超过 10 毫米,单果重差异应符合表 6-32 的规定。销售包装和散装的二级果无大小一致性要求。附录(本书略)中标"M"的微型果品种,不受大小规定限制,但其可溶性固形物至少达到 12°Brix。

表 6-32 单果重差异范围

等 级	单果重范围(g)	单果重差异(g)
特级以及排装和层装的一级、二级	70~90	15
	91~135	20
	136~200	30
	201~300	40
	>300	50
销售包装或散装的一级	70~135	35
	136~300	70
	>300	100

3. EU 苹果质量标准 欧盟(European Union,EU)是集政治实体和经济实体于一身的区域一体化组织,在世界上有重要影响。欧盟标准《STANDARD FOR APPLES(苹果)》与 UNECE 标准《APPLES(苹果)》(UNECE STANDARD FFV—50)一致,本书不再冗述。

(三)美国对苹果质量的要求

根据美国政府印制局(U. S. GOVERNMENT PRINTING OFFICE)在其官方网站(http://www.ecfr.gov)公布的电子版美国联邦法规(Electronic Code of Federal Regulations),美国共制定了两项苹果标准,即《United States Standards For Grades Of Apples(苹果)》和《United States Standards For Grades Of Apples For Processing(加工用苹果)》。从该网站可获得两标准的详细信息。

二、苹果的安全要求

(一)我国对苹果的安全要求

目前,我国关于苹果安全要求的标准有两项,即《食品安全国家标准　食品中污染物限量》(GB 2762—2012)和《食品安全国家标准　食品中农药最大残留限量》(GB 2763—2014)。前者规定了苹果中污染物限量,后者规定了苹果中农药最大残留限量。两项标准均为强制性标准,作为产品销售的苹果必须满足其要求。

1. 苹果中污染物限量　执行《食品安全国家标准　食品中污染物限量》(GB 2762—2012)。该标准是对国家标准《食品中污染物限量》(GB 2762—2005)的修订,2012 年 11 月 13 日发布,2013 年 6 月 1 日实施,苹果中铅、镉和稀土限量见表 6-33。

表 6-33　我国苹果污染物限量

污染物	铅	镉	稀土(以稀土氧化物总量计)
限量(mg/kg)	0.1	0.05	0.7

2. 苹果中农药残留限量　农药残留限量是苹果农药残留评价与监管的重要依据,是苹果安全消费的重要保障。《食品安全国家标准　食品中农药最大残留限量》(GB 2763—2014)于 2014 年 3 月 20 日发布,2014 年 8 月 1 日起正式实施,代替 GB 2763—2012。作为我国监管苹果农药残留的唯一强制性国家标准,该标准的颁布实施,对生产有标可依、产品有标可检、执法有标可判以及严格监管乱用、滥用农药等均有重要意义,将对转变苹果产业生

产方式、提高苹果国际竞争力、促进苹果产业可持续发展产生积极
影响。GB 2763—2014 共为苹果制定了 150 项最大残留限量（含
再残留限量 9 项、临时限量 21 项），涉及 159 种农药，包括 8 种除草
剂（表 6-34）、82 种杀虫剂（表 6-35）、12 种杀螨剂（表 6-36）、52 种杀
菌剂（表 6-37）4 种植物生长调节剂和 1 种杀线虫剂（表 6-38）。

为便于理解，对下述 4 个术语进行必要解释：

（1）每日允许摄入量（acceptable daily intake，ADI）　指人类
终生每日摄入某物质，而不产生可检测到的危害健康的估计量，以
每千克体重可摄入的量（mg/kg bw）表示。

（2）残留物（residue definition）　指因使用农药而在食品、农
产品和动物饲料中出现的任何特定物质，包括被认为具有毒理学
意义的农药衍生物，如农药转化物、代谢物、反应产物、杂质等。

（3）最大残留限量（maximum residue limit，MRL）　指在食
品或农产品内部或表面法定允许的农药最大浓度，以每千克食品
或农产品中农药残留的毫克数（mg/kg）表示。

（4）再残留限量（extraneous maximum residue limit，EMRL）
指一些持久性农药虽已禁用，但还长期存在环境中，从而再次在
食品或农产品中形成残留，为控制这类农药残留物对食品和农产
品的污染而制定其在食品或农产品中的残留限量，以每千克食品
或农产品中农药残留的毫克数（mg/kg）表示。

表 6-34　苹果中除草剂最大残留限量

农　药	ADI （mg/kg bw）	残留物	限　量 （mg/kg）
2,4-滴和 2,4-滴钠盐	0.01	2,4-滴	0.01
百草枯	0.005	百草枯阳离子，以二氯百草枯表示	0.05
吡草醚	0.2	吡草醚	0.03

续表 6-34

农 药	ADI （mg/kg bw）	残留物	限 量 （mg/kg）
草甘膦	1	草甘膦	0.5
敌草快	0.005	敌草快阳离子,以二溴化合物表示	0.1
氟吡甲禾灵	0.0007	氟吡甲禾灵、氟吡禾灵酯及共轭物之和,以氟吡甲禾灵表示	0.02
杀草强	0.002	杀草强	0.05

表 6-35 苹果中杀虫剂最大残留限量

农 药	ADI （mg/kg bw）	残留物	限 量 （mg/kg）
阿维菌素	0.002	阿维菌素（B1a 和 B1b 之和）	0.02
保棉磷	0.03	保棉磷	2
倍硫磷	0.007	倍硫磷、及其氧类似物（亚砜、砜化合物）之和,以倍硫磷表示	0.05
苯线磷	0.0008	苯线磷、及其氧类似物（亚砜、砜化合物）之和,以苯线磷表示	0.02
吡虫啉	0.06	吡虫啉	0.5
丙溴磷	0.03	丙溴磷	0.05
虫酰肼	0.02	虫酰肼	1
除虫脲	0.02	除虫脲	2
单甲脒和单甲脒盐酸盐	0.004	单甲脒	0.5
敌百虫	0.002	敌百虫	0.2
敌敌畏	0.004	敌敌畏	0.2
地虫硫磷	0.002	地虫硫磷	0.01

续表 6-35

农 药	ADI （mg/kg bw）	残留物	限 量 （mg/kg）
丁硫克百威	0.01	丁硫克百威	0.2
啶虫脒	0.07	啶虫脒	0.8
毒死蜱	0.01	毒死蜱	1
对硫磷	0.004	对硫磷	0.01
多杀霉素	0.02	多杀霉素 A 和多杀霉素 D 之和	0.1
二嗪磷	0.005	二嗪磷	0.3
伏杀硫磷	0.02	伏杀硫磷	2
氟苯脲	0.01	氟苯脲	1
氟虫脲	0.04	氟虫脲	1
氟啶虫酰胺	0.025	氟啶虫酰胺	1*
氟氯氰菊酯和高 效氟氯氰菊酯	0.04	氟氯氰菊酯（异构体之和）	0.5
氟氰戊菊酯	0.02	氟氰戊菊酯	0.5
氟酰脲	0.01	氟酰脲	3
甲胺磷	0.004	甲胺磷	0.05
甲拌磷	0.0007	甲拌磷其氧类似物（亚砜、砜）之和， 以甲拌磷表示	0.01
甲基对硫磷	0.003	甲基对硫磷	0.01
甲基硫环磷		甲基硫环磷	0.03*
甲基异柳磷	0.003	甲基异柳磷	0.01*
甲氰菊酯	0.03	甲氰菊酯	5
甲氧虫酰肼	0.1	甲氧虫酰肼	3
久效磷	0.0006	久效磷	0.03
抗蚜威	0.02	抗蚜威	1

续表 6-35

农 药	ADI (mg/kg bw)	残留物	限 量 (mg/kg)
克百威	0.001	克百威及三羟基克百威之和,以克百威表示	0.02
乐 果	0.002	乐 果	1*
联苯菊酯	0.01	联苯菊酯(异构体之和)	0.5
磷 胺	0.0005	磷 胺	0.05
硫 丹	0.006	α-硫丹和β-硫丹及硫丹硫酸酯之和	1*
硫环磷	0.005	硫环磷	0.03*
螺虫乙酯	0.05	螺虫乙酯及其烯醇类代谢产物之和,以螺虫乙酯表示	0.7*
氯虫苯甲酰胺	2	氯虫苯甲酰胺	2*
氯氟氰菊酯和高效氯氟氰菊酯	0.02	氯氟氰菊酯(异构体之和)	0.2
氯菊酯	0.05	氯菊酯(异构体之和)	2
氯氰菊酯和高效氯氰菊酯	0.02	氯氰菊酯(异构体之和)	2
氯唑磷	0.00005	氯唑磷	0.01*
马拉硫磷	0.3	马拉硫磷	2
醚菊酯	0.03	醚菊酯	0.6
灭多威	0.02	灭多威	2
氰戊菊酯和 S-氰戊菊酯	0.02	氰戊菊酯(异构体之和)	1
噻虫啉	0.01	噻虫啉	0.7
三唑磷	0.001	三唑磷	0.2
杀虫单	0.01	沙蚕毒素	1

续表 6-35

农 药	ADI (mg/kg bw)	残留物	限 量 (mg/kg)
杀虫脒	0.001	杀虫脒	0.01*
杀铃脲	0.014	杀铃脲	0.1
杀螟硫磷	0.006	杀螟硫磷	0.5*
水胺硫磷	0.003	水胺硫磷	0.01
特丁硫磷	0.0006	特丁硫磷及其氧类似物（亚砜、砜）之和，以特丁硫磷表示	0.01
涕灭威	0.003	涕灭威及其氧类似物（亚砜、砜）之和，以涕灭威表示	0.02
辛硫磷	0.004	辛硫磷	0.05
溴氰菊酯	0.01	溴氰菊酯（异构体之和）	0.1
蚜灭磷	0.008	蚜灭磷	1
亚胺硫磷	0.01	亚胺硫磷	3
氧乐果	0.0003	氧乐果	0.02
乙酰甲胺磷	0.03	乙酰甲胺磷	0.5
蝇毒磷	0.0003	蝇毒磷	0.05
治螟磷	0.001	治螟磷	0.01
艾氏剂	0.0001	艾氏剂	0.05*
滴滴涕	0.01	p, p'-滴滴涕、o, p'-滴滴涕、p, p'-滴滴伊和 p, p'-滴滴滴之和	0.05*
狄氏剂	0.0001	狄氏剂	0.02*
毒杀芬	0.00025	毒杀芬	0.05*•
六六六	0.005	α-六六六、β-六六六、γ-六六六和 δ-六六六之和	0.05*
氯 丹	0.0005	顺式氯丹、反式氯丹之和	0.02*

续表 6-35

农 药	ADI (mg/kg bw)	残留物	限 量 (mg/kg)
灭蚁灵	0.0002	灭蚁灵	0.01*
七 氯	0.0001	七氯与环氧七氯之和	0.01*
异狄氏剂	0.0002	异狄氏剂与异狄氏剂醛、酮之和	0.05*

注:标 * 的为临时限量。标 ^ 的为再残留限量。联苯菊酯和内吸磷也是杀螨剂。

表 6-36 苹果中杀螨剂最大残留限量

农 药	ADI (mg/kg bw)	残留物	限 量 (mg/kg)
苯丁锡	0.03	苯丁锡	5
哒螨灵	0.01	哒螨灵	2
联苯肼酯	0.01	联苯菊酯	0.2
炔螨特	0.01	炔螨特	5
噻螨酮	0.03	噻螨酮	0.5
三氯杀螨醇	0.002	三氯杀螨醇(o,p′-异构体和p,p′-异构体之和)	1
三氯杀螨砜	0.02	三氯杀螨砜	2
三唑锡	0.003	三环锡	0.5
双甲脒	0.01	双甲脒及N-(2,4-二甲苯基)-N′-甲基甲脒之和,以双甲脒表示	0.5
四螨嗪	0.02	四螨嗪	0.5
溴螨酯	0.03	溴螨酯	2
唑螨酯	0.01	唑螨酯	0.3

表 6-37　苹果中杀菌剂最大残留限量

农　药	ADI （mg/kg bw）	残留物	限　量 （mg/kg）
百菌清	0.02	百菌清	1
苯氟磺胺	0.3	苯氟磺胺	5
苯醚甲环唑	0.01	苯醚甲环唑	0.5
吡唑醚菌酯	0.03	吡唑醚菌酯	0.5
丙环唑	0.07	丙环唑	0.1
丙森锌	0.007	二硫代氨基甲酸盐（或酯），以二硫化碳表示	5
代森铵	0.03	二硫代氨基甲酸盐（或酯），以二硫化碳表示	5*
代森联	0.03	二硫代氨基甲酸盐（或酯），以二硫化碳表示	5
代森锰锌	0.03	二硫代氨基甲酸盐（或酯），以二硫化碳表示	5
敌螨普	0.008	敌螨普的异构体和敌螨普酚的总量，以敌螨普表示	0.2*
丁香菌酯	0.045	丁香菌酯	0.2*
啶酰菌胺	0.04	啶酰菌胺	2
多果定	0.1	多果定	5
多菌灵	0.03	多菌灵	3
噁唑菌酮	0.006	噁唑菌酮	0.2
二苯胺	0.08	二苯胺	5
二氰蒽醌	0.01	二氰蒽醌	5
氟硅唑	0.007	氟硅唑	0.2
氟环唑	0.02	氟环唑	0.5

续表 6-37

农 药	ADI (mg/kg bw)	残留物	限 量 (mg/kg)
福美双	0.01	二硫代氨基甲酸盐(或酯),以二硫化碳表示	5
福美锌	0.003	二硫代氨基甲酸盐(或酯),以二硫化碳表示	5
己唑醇	0.005	己唑醇	0.5
甲苯氟磺胺	0.08	甲苯氟磺胺	5
甲基硫菌灵	0.08	甲基硫菌灵和多菌灵之和,以多菌灵表示	3
甲霜灵和精甲霜灵	0.08	甲霜灵	1
腈苯唑	0.03	腈苯唑	0.1
腈菌唑	0.03	腈菌唑	0.5
克菌丹	0.1	克菌丹	15
喹啉铜	0.02	喹啉铜	2*
联苯三唑醇	0.01	联苯三唑醇	2
氯苯嘧啶醇	0.01	氯苯嘧啶醇	0.3
咪鲜胺和咪鲜胺锰盐	0.01	咪鲜胺及其含有2,4,6-三氯苯酚部分的代谢产物之和,以咪鲜胺表示	2
醚菌酯	0.4	醚菌酯	0.2
嘧霉胺	0.2	嘧霉胺	7
灭菌丹	0.1	灭菌丹	10
宁南霉素	0.24	宁南霉素	1*

续表 6-37

农药	ADI (mg/kg bw)	残留物	限量 (mg/kg)
嗪氨灵	0.02	嗪氨灵和三氯乙醛之和,以嗪氨灵表示	2
噻菌灵	0.1	噻菌灵	3
三乙膦酸铝	3	乙基膦酸和亚磷酸及其盐之和,以乙基膦酸表示	30*
三唑醇	0.03	三唑醇	0.3
三唑酮	0.03	三唑酮	1
双胍三辛烷基苯磺酸盐	0.009	双胍辛胺	2*
肟菌酯	0.04	肟菌酯	0.7
戊菌唑	0.03	戊菌唑	0.2
戊唑醇	0.03	戊唑醇	2
烯唑醇	0.005	烯唑醇	0.2
溴菌腈	0.001	溴菌腈	0.2*
亚胺唑	0.0098	亚胺唑	1*
异菌脲	0.06	异菌脲	5
抑霉唑	0.03	抑霉唑	5

注:标 * 的为临时限量。

表 6-38　苹果中其他农药的最大残留限量

农药	用途	ADI(mg/kg bw)	残留物	限量(mg/kg)
多效唑	植物生长调节剂	0.1	多效唑	0.5
萘乙酸和萘乙酸钠	植物生长调节剂	0.15	萘乙酸	0.1
乙烯利	植物生长调节剂	0.05	乙烯利	5
灭线磷	杀线虫剂	0.0004	灭线磷	0.02

(二)国际组织对苹果的安全要求

1. CAC 对苹果的安全要求

(1)苹果中农药残留限量 CAC 制定了苹果中 100 项农药最大残留限量(表 6-39)。这些限量可用农药名(Pesticide Name)、农药功能类(Functional Class)、产品代码(Commodity Code)或产品名(Commodity Name)从 CAC 官方网站提供的食品农药残留在线数据库(Codex Pesticides Residues in Food Online Database)(图 6-8)查询,网址为 http://www.codexalimentarius.net/pestres/data/pesticides/search.html。

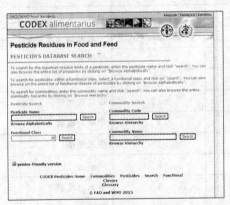

图 6-8 CAC 农药残留限量查询界面截图

表 6-39 CAC 制定的苹果农药最大残留限量

农 药	限量（mg/kg）	农 药	限量（mg/kg）
2,4-滴	0.01	百草枯	0.01
阿维菌素	0.02	保棉磷	0.05
艾氏剂和狄氏剂	0.05	苯丁锡	5

续表 6-39

农　药	限量（mg/kg）	农　药	限量（mg/kg）
苯氟磺胺	5	氟苯虫酰胺	0.8
苯醚甲环唑	0.8	氟苯脲	1
苯嘧磺草胺	0.01	氟吡禾灵	0.02
苯线磷	0.05	氟吡菌酰胺	0.5
吡虫啉	0.5	氟硅唑	0.3
吡噻菌胺	0.4	氟氯氰菊酯和高效氟氯氰菊酯	0.1
吡唑醚菌酯	0.5		
草铵膦	0.1	氟酰脲	3
虫酰肼	1	氟唑菌酰胺	0.9
除虫脲	5	甲氨基阿维菌素苯甲酸盐	0.02
敌草快	0.02		
敌螨普	0.2	甲苯氟磺胺	5
啶虫脒	0.8	甲基毒死蜱	1
啶酰菌胺	2	甲基对硫磷	0.2
毒死蜱	1	甲氰菊酯	5
多果定	5	甲霜灵	1
多菌灵	3	甲氧虫酰肼	2
多杀霉素	0.1	腈苯唑	0.5
二苯胺	10	腈菌唑	0.5
二硫代氨基甲酸盐类	5	抗蚜威	1
		克菌丹	15
二嗪磷	0.3	联苯肼酯	0.7
二氰蒽醌	1	联苯三唑醇	2
粉唑醇	0.3	咯菌腈	5
伏杀硫磷	5	氯苯嘧啶醇	0.3

续表 6-39

农 药	限量（mg/kg）	农 药	限量（mg/kg）
氯虫苯甲酰胺	0.4	噻嗪酮	3
氯丹	0.02	三环锡	0.2
氯氟氰菊酯（包括高效氯氟氰菊酯）	0.2	三唑醇	0.3
		三唑酮	0.3
氯菊酯	2	三唑锡	0.2
氯氰菊酯（包括 α-和 Z-氯氰菊酯）	0.7	杀草强	0.05
		杀螟硫磷	0.5
螺虫乙酯	0.7	杀扑磷	0.5
螺螨酯	0.8	双甲脒	0.5
马拉硫磷	0.5	四螨嗪	0.5
醚菊酯	0.6	肟菌酯	0.7
醚菌酯	0.2	戊菌唑	0.2
嘧菌环胺	2	戊唑醇	1
嘧霉胺	15	溴离子	20
灭多威	0.3	溴螨酯	2
灭菌丹	10	溴氰菊酯	0.2
嗪氨灵	2	亚胺硫磷	10
氰虫酰胺	0.8	乙基多杀菌素	0.05
炔螨特	3	乙螨唑	0.07
噻草酮	0.09	乙烯利	5
噻虫胺	0.4	异菌脲	5
噻虫啉	0.7	抑霉唑	5
噻虫嗪	0.3	茚虫威	0.5
噻菌灵	3	唑螨酯	0.3
噻螨酮	0.4		

(2)苹果中铅限量　在重金属污染物方面，CAC制定了《Codex General Standard For Contaminants And Toxins In Food And Feed（食品和饲料中污染物和毒素通用标准）》（Codex Standard 193—1995）。该标准规定了铅在水果中的限量，详见表6-40。苹果属于仁果类水果。

表6-40　CAC制定的水果中铅限量

代　码	名　　称	限量（mg/kg）
FT 0026	皮可食热带（亚热带）水果	0.1
FT 0030	皮不可食热带（亚热带）水果	0.1
FB 0018	浆果和其他小粒水果	0.2
FC 0001	柑橘类水果	0.1
FP 0009	仁果类水果	0.1
FS 0012	核果类水果	0.1

2. 欧盟对苹果中农药残留限量的要求　欧盟关于农药最大残留限量的法规为Regulation（EC）No 396/2005。根据该法规，对于未特殊指明的农药，最大残留限量采用通用默认值0.01mg/kg。在欧盟农药最大残留限量制定过程中，由欧盟食品安全局（EFSA）进行风险评估，核实该残留水平对欧盟所有消费者人群都是安全的；如该残留水平对任何一个消费者人群存在风险，则拒绝应用该最大残留限量，且该农药不可用于该作物上。欧盟委员会根据EFSA的意见，设立新的最大残留限量，修改或删除已有的最大残留限量。对于欧盟之外栽培的作物，该作物的最大残留限量在出口国要求下制定。

欧盟官方网站建有欧盟农药数据库（EU Pesticides database），在农药残留搜索（Search pesticide residues）栏选择农药残留（Select pesticide residues）和选择产品（Select products）可对欧

盟制定的苹果农药最大残留限量进行检索(图 6-9),网址为 ht-tp://ec. europa. eu/food/plant/pesticides/eu-pesticides-data-base/public/? event = pesticide. residue. selection&language = EN。

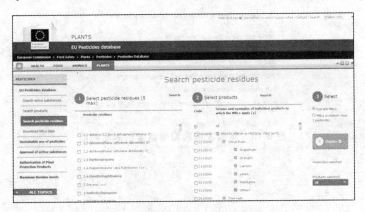

图 6-9 欧盟农药残留限量查询界面截图

(三)美国对苹果的农药残留要求

在美国,农药最大残留限量由美国环境保护署(U. S. Environmental Protection Agency,EPA)负责制定。根据美国政府印制局(U. S. GOVERNMENT PRINTING OFFICE)在其官方网站(http://www. ecfr. gov)公布的电子版美国联邦法规(Electronic Code of Federal Regulations,CFR)第 40 篇(TITLE 40:Protection of Environment)第 180 部分(PART 180—TOLERANCES AND EXEMPTIONS FOR PESTICIDE CHEMICAL RESIDUES IN FOOD)(图 6-10)。在美国政府印制局官方网站上,用农药名称进行查询,可获取苹果中各相关农药的最大残留限量详细信息。

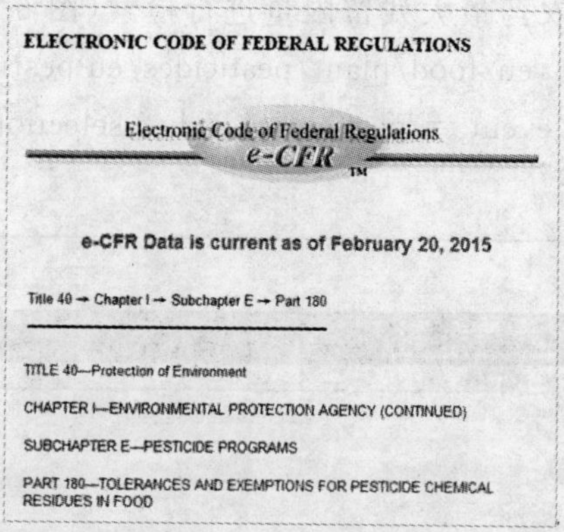

图 6-10　美国农药残留限量查询界面截图

参考文献

[1] 窦连登,汪景彦.苹果病虫防治第一书.北京:中国农业出版社,2013.

[2] 冯明祥.无公害果园农药使用指南[M].北京:金盾出版社,2013.

[3] 胡耐根.重金属铅、汞污染对人的影响[J].科技信息,2009(35):1186-1187.

[4] 刘建海,李丙智,张林森,等.套袋对红富士苹果果实品质和农药残留的影响[J].西北农林科技大学学报(自然科学版),2003,31(增刊):16-18,21.

[5] 刘盼红.贮藏苹果中展青霉素产生菌的分离鉴定和生长代谢特征研究[J].西北农林科技大学,2008.

[6] 聂继云,董雅凤.果园重金属污染的危害与防治[J].中国果树,2002(2):44-47.

[7] 聂继云,汪景彦.怎样提高苹果栽培效益[M].北京:金盾出版社,2006.

[8]《农产品质量安全生产消费指南》编委会.农产品质量安全生产消费指南(2014版)[M].北京:中国农业科技出版社,2014.

[9] 王江柱,仇贵生.苹果病虫害诊断与防治原色图鉴[M].北京:化学工业出版社,2014.

[10] 汪景彦,丛佩华.当代苹果[M].郑州:中原农民出版社,2013.

[11] 袁会珠.农药安全使用知识[M].北京:中国劳动社会保障出版社,2010.

[12] 游勇,鞠荣.重金属对食品的污染及其危害[J].环境,

2007(2):102-103.

　　[13] 郑喜坤,鲁安怀,高翔,等.土壤中重金属污染现状与防治方法[J].土壤与环境,2002,11(l):79-84.

　　[14] 钟格梅,唐振柱.我国环境中镉、铅、砷污染及其对暴露人群健康影响的研究进展[J].环境与健康杂志,2006,23(6):562-565.

　　[15] 宗元元,李博强,秦国政,等.棒曲霉素对果品质量安全的危害及其研究进展[J].中国农业科技导报,2013,15(4):6-41.

　　[16] 《Codex General Standard For Contaminants And Toxins In Food And Feed》(CODEX STAN 193-1995).

　　[17] Joint FAO/WHO Expert Committee on Food Additives. 2011. Evaluation of certain food additives and contaminants: seventy-fourth report of the Joint FAO/WHO Expert Committee on Food Additives (WHO technical report series:no. 966).

　　[18] World Health Organization. 2011. Guidelines for drinking-water quality - 4th ed.